商业新闻出版公司和轻松读文化事业有限公司提供内容支持

你的
未来
可以预见

轻松读大师项目部　编

中国盲文出版社

图书在版编目（CIP）数据

你的未来可以预见：大字版/轻松读大师项目部编．—北京：中国盲文出版社，2017.4
ISBN 978－7－5002－7856－6

Ⅰ.①你… Ⅱ.①轻… Ⅲ.①成功心理—通俗读物 Ⅳ.①B848.4－49

中国版本图书馆 CIP 数据核字（2017）第 084570 号

本书由轻松读文化事业有限公司授权出版

你的未来可以预见

编　　者：轻松读大师项目部
出版发行：中国盲文出版社
社　　址：北京市西城区太平街甲 6 号
邮政编码：100050
印　　刷：北京汇林印务有限公司
经　　销：新华书店
开　　本：787×1092　1/16
字　　数：90 千字
印　　张：14
版　　次：2017 年 4 月第 1 版　2017 年 5 月第 1 次印刷
书　　号：ISBN 978－7－5002－7856－6/B・338
定　　价：48.00 元
销售热线：(010) 83190289　83190292　83190297

版权所有　侵权必究　　　印装错误可随时退换

出版前言

数字文明为我们求知问道、拓展格局带来空前便利,同时也使我们深受信息过剩、知识爆炸的困扰。面对海量信息,闭目塞听、望洋兴叹固非良策,不分主次、照单全收更无可能。时代快速变化,竞争不断升级,要想克服本领恐慌,防止无知而盲、少知而迷,需尽可能将主流社会的最新智力成果内化于心、外化于行,如此才能更好地顺应时代,提高成功概率。为使读者精准快速地把握分散在万千书卷中的新理念、新策略、新创意、新方法,我们组织编写了这套《好书精读丛书》。

这套书旨在帮助读者提高阅读质量和效率。我们依托海内外相关知识服务机构十多年的持续积累,博观约取,从经济管理、创业创新、投资理财、营销创意、人际沟通、名企分析等方面选取数百种与时俱进又经世致用的好书分类整合，凝练出版。它们或传播现代经管新知，或讲授实用营销技巧，或聚焦创新创业，或分析成功者要素组合，真知云集，灼见荟萃。期待这些凝聚着当代经济社会管理创新创意亮点的好书，能为提升您的学识见解和能力建设提供优质有效便捷的阅读资源。

聚焦对最新知识的深度加工和闪光点提炼是这套书的突出特点。每本书集中解读4种主题相关的代表性好书，以"要点整理""5分钟摘要""主题看板""关键词解读""轻松读大师"等栏目精炼呈现各书核心观点，崇真尚实，化繁为简，您可利用各种碎片化时间在赏心悦目中取其精髓。常读常新，明辨笃行，您一定会悟得更深更透，做得更好更快。

好书不厌百回读，熟读深思子自知。作为精准知识服务的一次尝试，我们期待能帮您开启高效率的阅读。让我们一起成长和超越！

目 录

创建你的未来 …………………………………… 1

生活或事业的成功，并非出于偶然或靠运气，而是可以高度预期的。博恩·崔西给出的建议是：所有成功人士的经历都有规律可循。他将这些规律总结为通向无限成功的 12 项要素或原则。了解这些原则并井然有序地采取行动，便能加快迈向成功的脚步。

高效能人士的7个习惯 •••••••••••••••••••••••••• 47

  投资自己的最好方法，不是砸大钱学习各种才艺，而是花长时间耐心培养终身受用的好习惯。好习惯决定好品德，好品德决定好命运。"人类潜能导师"史蒂芬·柯维将应当养成的成功习惯归纳为七点，鼓励读者发掘自我，改变思考方式，改善个人效能。

目 录

职场卓越的 5 项特质 …………………………… 101

为什么有些人就是有办法升到组织顶层，而另外那些才智不相上下的人却似乎永远被埋没，无法尽展所长？国际知名猎头公司通过资料数据分析，找出晋升为高级经理人的五项特质。掌握和践行这五项特质，你也能和那些高级经理人一样，平步青云、功成名就。

你的未来可以预见

效率百分百 •••••••••••••••••••••••••••••• 157

最大生产力就是用最少的付出收到良好效果。提高生产力就是要着重效率，随时准备因应突发事故。大卫·艾伦从有始有终、把握重点、确立架构和积极行动四个方面提出了52个具体原则，可以帮你持续完成更多工作，有效提高个人生产力。

创建你的未来

抓住无限成功的 12 个关键因素

Create Your Own Future

How to Master the 12 Critical Factors of Unlimited Success

原著作者简介

博恩·崔西（Brian Tracy），现为博恩·崔西国际管理顾问公司总裁兼CEO，也是全球最成功的演讲者之一。崔西每年在25个国家为近45万名听众演讲，已出版26本著作，包括《创造超级成就》《进阶销售策略》《100个坚不可摧的企业成功法则》等，并录制300多盘学习课程录音带与录像带。

本文编译：李芳龄

主要内容

5分钟摘要 | 完全成功意念力要素/5

轻松读大师
一　主动与被动法则/7
二　几率法则/17
三　平均法则/26
四　仿效法则/37

一	主动与被动法则
1	限制成功的唯一因素是你的想象
2	清楚了解自己想达成的目标或成果
3	努力提高可应用于工作的知识
二	几率法则
4	精通领域中的各项事务，持续展现优质成果
5	态度决定一切，设法成为他人乐意共事的成功者
6	建立扎实的人际关系，认识的人愈多，机会就愈多
三	平均法则
7	养成定期储蓄的习惯，才能吸引与掌握更多机会
8	要用"脑"，这是你最重要的资产
9	精准地专注于每天首要的工作，才能获得最大成果
四	仿效法则
10	掌握时机，行动愈积极，运气愈佳
11	性格很重要，一开始就要努力变成自己景仰的那类人
12	幸运眷顾勇者，你必须勇于开始，并有永不放弃的决心与毅力

5分钟摘要

完全成功意念力要素

　　生活或事业的成功,并非出于偶然或靠运气,相反,成功是可高度预期的。在迈向长期成功的旅程中,可以总结出12项要素或原则,只要依循其他成功者所走的路,重复那些已被验证的过程,必能获得与那些成功者一样的成就。唯一真正的变数,是你对这些原则精通的程度。

　　能否取得长久成功,取决于对以下原则的掌握和运用程度。这12项原则又须以4个"法则支柱"作为基石。

你的未来可以预见

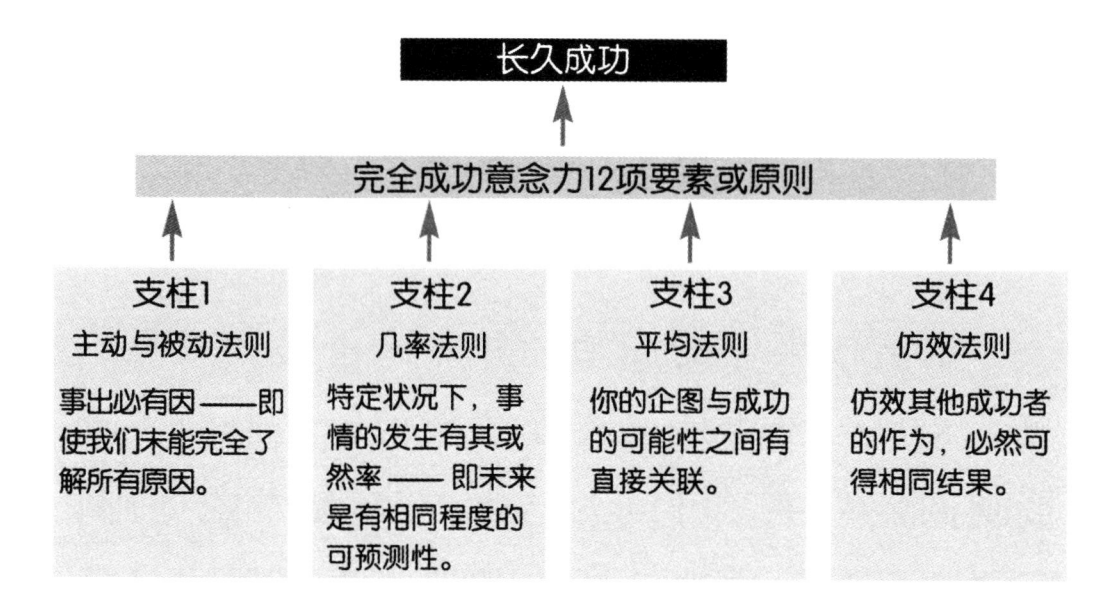

```
                    ┌─────────────┐
                    │  长久成功   │
                    └─────────────┘
                           ↑
        ┌──────────────────────────────────────┐
        │   完全成功意念力12项要素或原则       │
        └──────────────────────────────────────┘
           ↑          ↑          ↑          ↑
```

支柱1	支柱2	支柱3	支柱4
主动与被动法则	几率法则	平均法则	仿效法则
事出必有因——即使我们未能完全了解所有原因。	特定状况下，事情的发生有其或然率——即未来是有相同程度的可预测性。	你的企图与成功的可能性之间有直接关联。	仿效其他成功者的作为，必然可得相同结果。

了解这些法则并井然有序地采取行动，便能提高成功的可能性，加快迈向成功的脚步。依循这些法则，也有助于摆脱运气或随机因素的影响，因为你运用的是许多成功者所运用并获益的法则。

一　主动与被动法则

原则1：限制成功的唯一因素是你的想象

你有能力实现自己所想做的任何事。只要发挥自己的创意与智慧，你将发现自己能在数月间完成别人可能要花费数年才能达成的事，重点就在有建设性、有创造性地运用智慧。

事实上，几乎没有任何外力可以限制人所能取得的成就，若人人都能有建设性地运用智慧，必能实现所有的想象。

为了真正能美梦成真、取得卓越成果，就必须遵循下列7项智慧法则：

（1）因果法则——想法是因，状态是果。若想改变生活与作为，应该先改变常浮现在脑海中的想法，你的想法会影响现实的生活状态。

（2）吸引力法则——每人都是一块活生生的

磁铁，最能与你的想法契合的人、境遇、构想与资源，都会无可避免被你吸引。这项法则是指，想要成功，就不要心存负面、消极的想法，应该抱持正面、积极的认识，你很快就会发现，正面事物会在生活中实现。

（3）信念法则——坚持信念，终会成真。如果能坚定地相信自己会有非凡的成就，你的思维与行动就会和周遭的环境相互调适、配合，最终得以实现你希冀的成就。

（4）意念法则——事实往往反射心中所思。换句话说，你愈想达成某件事，当机会出现时，你愈能察觉并把握。

（5）期望法则——只要有信心，你所期待的事自然会如预言般应验。真正的局限存在于自己的内心，而非外力加诸的限制。因此，如果你希望拥有成功的、有价值的职场生涯，就应该抱有正面期望并积极行动，真心相信期望之事终究有实现的一天。

（6）潜意识活动法则——你有意识接受的想法或目标会直接影响潜意识。你的潜意识会注意那些和你的想法或目标相关的新资讯，完善和改进头脑中的想法，潜意识自会跟随。

（7）表里一致法则——外在世界是内在世界的反映。也就是说，外在的生活与作为通常会真正反映内在的想法。改善外在状况的关键，在于先提升自我内在想法的品质。内心的期望与决心会反映在外表，别人是看得出来的，同时也会直接影响周围环境。

上述的智慧法则可以总结为"心智相当法则"（the Law of Mental Equivalence）：你最初的意念相当于所有的生活经历。因此，为掌握人生的方向并达成期望，你必须掌控自己的意念及经常盘旋脑际的自我暗示，提升、改进脑海中常浮现的想法。如此一来，你的生活就会诸事顺遂，并取得更大成就。

关键思维

如果你相信自己能成就某事，或无法做到某事，不论是哪一种情形，结果都会如你所想。

——亨利·福特

对自身所处世界抱持的信念会形成期望，期望会形成心态，心态会决定自身的行为和与他人的互动方式，而这又将影响他人对你的态度及与你交往的方式。

——博恩·崔西

原则2：清楚了解自己想达成的目标或成果

确定自己想成就的目标，把这些目标白纸黑字地写下来。尽可能详尽写出明确的、特定的、可评估的目标与计划，这是成功的要素，因为这些工作能帮助你厘清想法，是通往成功的必经之路。

越清楚自己的方向，就能越快到达目的地，原因是什么？主要是在明确的策略规划下，一旦有机会出现，便能快速准确地察觉和把握。

详细写出计划，不但能让你身处有利之地，更能让你利用下列5项成功原则取得优势：

（1）正面期望原则——你对发生某一正面事件的期望愈高，该事件发生的可能性就愈大。

（2）掌控原则——你感觉愈能掌控自己的人生，自然愈能抱有正面、积极的心态。

（3）目标强烈原则——若相互竞争者的能力相当，胜利通常属于对成功拥有最强烈期望的一方。

（4）提高动力原则——即使迈向目标的进展看似缓慢，也绝不放弃。你觉得愈接近完成某个重要目标，进展就会变得愈快，因此一定要坚持到底。

（5）同步原则——发生在生活中的事，通常和努力达成的目标有关，与因果无关。

你的目标越明确、态度越专注，越能从上述原则中获得好处。因此，迈向成功之路的第一步就是写下明确的、可评估的目标。

那么，达成目标的最佳方法是什么？具体如下：

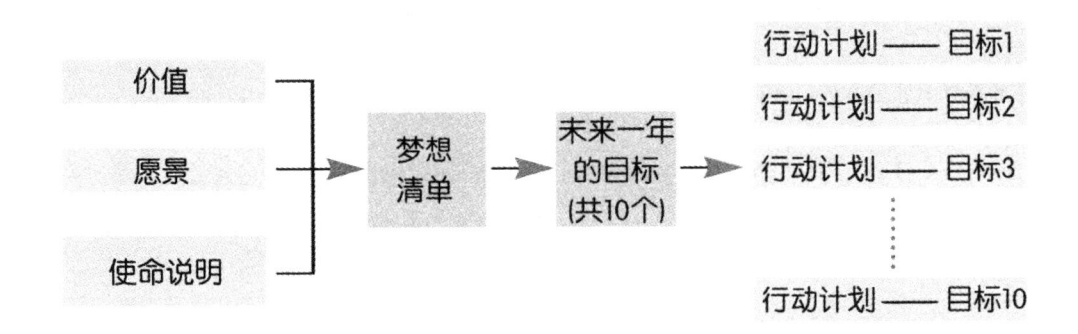

```
价值 ──┐
愿景 ──┼─→ 梦想清单 ─→ 未来一年的目标(共10个) ─→ 行动计划──目标1
使命说明 ─┘                                      行动计划──目标2
                                                行动计划──目标3
                                                    ⋮
                                                行动计划──目标10
```

将下列内容一一写在纸上：

◎个人价值看法——你相信与坚持的事；

◎个人愿景——你的理想生活；

◎个人使命说明——描述你渴望成为怎样的人；

◎梦想清单——在无限制的理想世界里，你想做什么或希望达成什么？

◎未来一年的10个目标——在未来一年，你希望完成哪10件最重要的事？

◎行动计划——针对上述10个目标，分别

创建你的未来

拟定行动计划。

接着，从上述行动计划中选出一个，马上开始行动。制作一张"肯定宣言"卡，明确写下目标，坚持每天身体力行，直到达成目标。不久，你会惊奇地发现，你人生的每件事都愈来愈顺遂。

关键思维

你赋予自己人生的价值、愿景、使命与目标，将决定你的未来会走向何方。只要朝着与目标相同的方向持续走下去，就能成就非凡之事。没什么可以阻挠你，你很快就会发现自己是世界上最幸运的人。

——博恩·崔西

原则3：努力提高可应用于工作的知识

在知识经济时代，产品的内涵知识愈多，价值就愈高，这个道理也适用于工作，你具备及可以应用的知识愈多，个人价值就愈高。你要尽力学习更多的东西，并运用所学。

要想成功，你不需要是个天才，不过，美好未来永远属于那些在各自领域中最有能力的人。因此，个人想在人生职场或财富资产上有所进展收获，就要多学习，才能获得更多。换个说法，想获得更多，就得学习更多。

这并非意指你必须接受更高程度的正式教育，还有许多其他方法可助你一臂之力，你可以根据自己的时间、方式去学习。

（1）留心新观念——留心和自身未来相关的新观念，写下并思考如何应用。

（2）增加实务知识——务必多花些时间培养能胜任职场中重要工作的能力，多向良师益友请教。

（3）大量阅读——特别是各领域的专家著作，如此便可汲取专家累积多年的技巧与经验。建立自己的参考书库、参加读书会、购买书籍，吸收书中重要观念。

（4）与最新资讯同步——阅读所在行业和领域的杂志与期刊。

（5）询问业界成功者都阅读哪些书籍与刊物——然后马上跟进。

（6）把汽车或健身房变成教室——开车或在健身房运动时，听录音带课程。

（7）参加课程与研讨会——多参与在专业领域中由活跃人士所发起的课程与研讨会。

（8）参加贸易展与展示会——目的是从中汲取新观念与实务经验，而非仅看看新产品而已。

（9）向你尊敬的人请教——请他们建议该读些什么书或刊物，该参加什么课程或听什么教学录音带。

你的未来可以预见

关键思维

你的目标应该是成为领域中最有知识的专家，这样一来，你会成为所在行业中最有价值、酬劳最高的一员。你将迅速崛起并稳步升迁，成为行业中前10％收入最高者之一，受到他人的尊崇。当别人嫉妒你的幸运时，只需告诉他们："我学得愈多，运气才愈好。"

——博恩·崔西

二　几率法则

> **原则 4：精通领域中的各项事务，持续展现优质成果**

努力发展技能，成为领域中前10%的佼佼者并持续展现优质成果，你将因优异表现而赢得声誉，对未来也大有助益。

我们常看到有些人不愿为了获得高绩效而付出应有的努力与代价，一心只想不劳而获，或寻找不费力的捷径。然而要获取重要技能、精通专业领域中的各项事务根本没有捷径，唯一进阶之道是经年累月的努力。俗话说：有收无收在于种。正确的心态及勤奋不懈的努力，是未来成功的最佳瞄准器。

想精进事业和能力，可试试下列方法：

（1）每天早上自省一个与自己职业生涯有关

的重要问题——"今天该做什么可以提升顾客服务的价值?"

（2）找出重要客户，了解他们的需求，知道他们乐意付钱换取什么。

（3）不计付出，达成有助于提高工作绩效的必要条件。

（4）以行业领域中的卓越表现为目标，设法改进自己的表现以符合卓越水准。

（5）以他人的成功来激励自己，相信只要有足够的努力，你也一样能成功。

（6）力行"6P"法则（Proper Prior Preparation Prevents Poor Performance）——事先准备妥当能预防不良绩效，所以务必做好准备工作。

（7）辨识专业所需的5到7项重要技能，拟定行动计划，提高胜任这些工作的能力。

（8）鼓励同侪提供反馈意见，认真思考他们的建议。

（9）保持逐步改进，而非试图一步登天。努力提高每天的生产力。

（10）万丈高楼平地起，每个成功者都是从基层向上攀升，去了解那些你所钦佩羡慕的人或组织到底如何获得今日成就，仿效他们的做法。

（11）欣然接受公司安排的职务，因为这表示你的表现不错，且正朝着事业领域的高处前进。

（12）对工作怀抱热忱，但要确定所做的工作是自己喜欢的。

关键思维

辨识出自身必须精通的重要技能后，写下来当作努力的目标，拟定获得这些技能的行动计划，设定时间表并开始行动。不论要花多长时间，持续耐心地去做，罗马不是一天建成的，培养重要技能是要花时间的。只要坚持到底，终有一天你会成为行业领域中最具能力、酬劳最高者。

——博恩·崔西

原则 5：态度决定一切，设法成为他人乐意共事的成功者

抱持正面、积极的心态，热切谈论未来期望的成就，而不是谈论使你沮丧、退却的事。正面、积极的心态会吸引抱持相同心态的人与你一起努力，成就更丰硕的未来。

喜欢与成功者共事是人类的天性，这不仅令他人对自己产生信心，同时，与成功者共同迈向功成名就也是件有趣的事。想法与行动都积极、正面的人，会吸引相同的人与之共事，这就是"物以类聚"。

想变得更积极、更有成效吗？不妨试试以下心态训练技巧：

（1）每天对自己重复进行强烈、正面的肯定，让潜意识发挥作用，对自己的未来永保

乐观。

（2）每当负面、消极的念头浮现时，刻意以正面、积极的想法取代，经常如此而为，你会感觉越来越好、更有热忱。

（3）每当遭遇意外状况时，不要只陷入问题带来的麻烦和苦恼中，要花时间思考解决办法，这样你就会具有积极行动的信心。

（4）经常在脑海中描绘目标达成后的美好景象，想象成功时的美妙感觉，能产生更高的热忱与信心。

（5）坚持所言所行保持正面、积极，就像早已满怀热忱般地行动，过不了多久，自然会感到有信心、有热情。

（6）使周围的人感受到他们的重要性。询问他们的想法及对事业计划的感想，让他们感觉自己很重要，他们也会让你对自己的未来感到乐观。

（7）千万别忽视仪容外表的重要性。仪容穿着应该让别人觉得舒适悦目，针对场合正确地搭配穿着，人们自然会对你有正面反应。

（8）致力以卓越的态度做事，大家都期望与想有成就的人共事。

关键思维

在我这个年代，最伟大的革命性发现是：你可通过改变内在心态而改变外在世界。

——威廉·詹姆斯，美国心理学家、哲学家

原则6：建立扎实的人际关系，认识的人愈多，机会就愈多

扎实的人际关系是建立成功职场的关键要素。采取主动积极的策略，拓展人际关系网络，结交更多愿意与你共事的人，你未来的机会就越多。

这个原则以下列3法则为根据：

（1）几率法则——越勇于接受不同的尝试，

找出正解的几率就越高。认识的人越多，遇到对职场真正有助益者的机会越大。

（2）间接努力法则——获得别人相助的最佳方法是通过间接方式，而非直接请求。换句话说，若想结交朋友，你应该先成为别人的好朋友。

（3）付出法则——越不吝惜付出，意外好处降临的机会越大。想获得更多，得先付出更多。

良好的人际关系网络有助于增加成功的机会。在人生道路和职场生涯中，优异成就与重大转机都不免和其他人产生关联，想完成重要工作或达成显著成就，需要许多人的参与，认识的人愈多，可以运用的资源也愈多，进而可增加自己的好运。

那么，结交益友的最佳策略是什么呢？可以尝试下列方法：

（1）加入某一组织或群体前，先了解自己可对此组织有何贡献，列出可贡献的事项，如自身的技巧、经验、能力等。

（2）找出能认识更多人的创意方法。例如：寻找和自身目标相关的产业公会与组织，先深入了解这些组织，挑选最适合的并加入。

（3）志愿参与这些组织的工作计划。不过自己得先做些功课，方能在讨论会中提出有意义的见解。别只参加会议却不表达意见，要有所贡献，并尝试创造价值。

（4）慷慨付出，尤其是在无法确知能否获得回报的情况下。在这样的情形下，大方付出不仅能提高你的价值，也会为未来赢得许多机会。

（5）主动谋划。详细规划如何建立事业上必要的关系网络，然后尽力达成此目标。

（6）花更多时间与喜欢的人相处，发掘更多与这群人合作共事的机会。人天生喜欢和自己欣赏的人合作或往来，面对陌生人通常觉得不自在，因此，你应该持续推动对亲近同事有益的事业计划。

创建你的未来

关键思维

"物以类聚"。企业或专业领域中，成就水准相同的人往往会彼此吸引，如果你未达水准，是伪装不了多久的。

——博恩·崔西

三　平均法则

原则7：养成定期储蓄的习惯，才能吸引与掌握更多机会

总是囊匣如洗、为一日三餐与生活琐碎奔波之人，极少有时间和精力注意新机会的到来。为了能够把握机会，你应该养成储蓄的习惯，这个简单的自律习惯，在未来会为你带来源源不断的机会。

许多人没有储蓄的习惯，只能应付当前生活所需，无余力思考获得财务自由或更大成就。在当下这是个很矛盾的情况，因为有好构想的人才有更多的机会致富。你有为自己储蓄足够资金的义务，这样未来才无须为钱烦恼。

简而言之，想赚大钱，得先养成储蓄的习惯，然后找出为你及公司创造更多价值的方法。

能真正增加价值的方法只有 7 种：

（1）加快做事的速度——大家都想要今天买的东西今天拿到，而非明天才收到。

（2）提供比竞争对手更好的产品或服务品质——但是要确定你对品质的定义与顾客相同。

（3）改善或简化设计——使产品或服务更容易了解与使用。

（4）提高与你做生意的便利性——这样一来，顾客才会选择你。

（5）改善对顾客的服务水准——服务愈好，顾客购买的意愿愈高。

（6）察觉、迎合顾客生活方式的改变——因为顾客需要的是能与他们生活方式协调的东西。

（7）贩卖稀有商品——进入大众市场，贩卖升级品与附加价值高的商品。

如果能结合这些概念中的二三项，想到一项别人没想到的新点子，成功几率就大大提高。在你所在的行业中成为真正卓越者，就会找到赚钱的方法。接下来的目标，应该是先存下至少10％的所得（稍后再做投资），所得的90％（或更少）已足够维持生计。每次找到创新点子而增加收入时，把新增所得的一半储蓄起来，另一半才拿来花费。持续这么做，假以时日，你为将来投资所攒存的钱就会稳定增加。

提醒以下几点：

（1）不要采用任何快速致富之道，专注于逐渐累积财富。

（2）永远记住，赚多少钱不是重点，存多少钱才重要。

（3）别忘了投资在自己身上——帮助你在未来赚取更高收入的课程是绝不能省的。

（4）购买适当保险，免得遭逢意外时，累积的财富付诸东流。

（5）尽量多花时间调查投资机会，时间就是金钱，花愈多的时间调查，投资赚钱的机会就愈多。

创建你的未来

关键思维

从人脑中开采而得的金矿，比从地底开采的还要多。

——拿破仑·希尔

如果不懂得存钱，你就不会拥有变伟大的种子。

——克雷门·史东

美国传奇企业家、保险业巨头

达到财务自由的三大支柱是储蓄、投资与保险。你的第一个财务目标是存够足以应付2～6个月生活的开支，并确保能负担任何意外发生时或应急时的资金支出。拥有充分保险及额外财务保障后，你应该开始谨慎投资你已彻底研究过的投资标的或机会，或者和熟知与信赖的成功者共同投资。

——博恩·崔西

原则8：要用"脑"，这是你最重要的资产

实际上，与生俱来的创意思考能力，足以使你成为有潜力的奇才。你应该发挥潜在的创意思考能力，找出更快、更佳、成本更低的做事方法，释放出潜能。

所有对人类智力的研究都获得相同结论：人类只用了大脑的大约10％，实际数字甚至可能更低。最新研究则显示，绝大多数人只用了大脑的2％。因此，如果能找到更有效的方法发挥潜藏智力，必能有显著的收获。

以下是支持此理论的法则：

（1）决策法则——当作出明确、特定的决策时，你是在厘清思路，启动创意能力。也就是说，越果决就越能发挥智力，因为你的思路更专注。

（2）专注法则——你仔细思考的所有事，都会在生活中扩展开来。因此，对目标越专注，你越会运用自己的心智能力去完成这些目标。

（3）超意识活动法则——任何时刻，当意识持续存有某个想法时，潜意识便会运作，使这个想法实现。也就是说，只要你的心智持续思考一个构想，对它产生情感并不断地想象，一再重复这样的过程，这个想法就能实现。

综合上述法则的结论是，你可以有系统地、谨慎地规划心智，以提高达成目标的能力，假以时日，你会更善于运用智慧解决问题，并产生新构想。这个过程中绝对必要的部分是你所使用的言语，言语对心智具有激励作用，经常增加言语上的激励，确实有助于提高智力与思考推理的能力。此外，学会更加信赖自己的直觉，在依循感觉不错的构想时，智力也会随之增长。依据自己直觉的构想去行动，你会逐渐对自己清晰思考的能力产生信心。

你也可通过系统地（而非随意地）解决问题，建立自己的心智能力。

以下是系统地解决问题的步骤与方法：

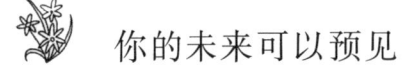

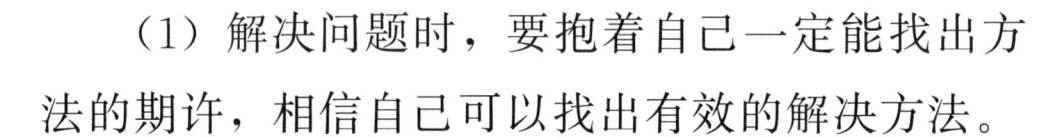

（1）解决问题时，要抱着自己一定能找出方法的期许，相信自己可以找出有效的解决方法。

（2）视问题为挑战或机会——因为看待问题的心态会影响你的情绪。

（3）明确地写出问题的定义——正确地诊断问题，通常就能看出有效的解决方法。

（4）系统地找出所有问题的源头，思考若去除或改变这些源头，可能会产生什么情况。

（5）提出所有可能的解决方法——先列出最显而易见的解决方案，再思考更具创意的方法。

（6）决定最佳解决方案——但要记住，一旦获得更多资讯时，必须再检讨这个解决方案是否仍是最佳选择。

（7）明确指出由谁负责执行这个解决方案，让这些人清楚知道自己的责任。

关键思维

发挥潜在智力是创造未来的关键。你是个有潜力的天才，绝对有足够的潜在智力去达成所设定的任何目标。你既然能写出并想象此目标，就代表这个目标是极可能达成的，关键的问题是："你想达成此目标的意愿有多强？""你是否愿意付出代价以达成目标？"这些问题也只有你自己才能回答。

——博恩·崔西

原则 9：精准地专注于每天首要的工作，才能获得最大成果

成功者总是非常倾向"成果导向"的。你必须向他们学习，不要只专注在意图上，而应该专注于为自己所服务的对象提供了哪些成果，并好好利用自己的时间，每时每刻专注于能创造最大价值的工作。

想使注意力集中，最快且最可靠的方法是，做每件事时都以"成果导向"为原则。在所有领域中，酬劳最高、最受尊崇者，都是擅长完成任务、获得成果的人。

在这个领域最盛行的法则是"成果应用法则":"只要愿意长期投入心力在高难度的工作上,你的每项目标、任务或行动都是可以达成的。"在任何领域中,表现最佳者总是辛勤地工作。这群人督促自己避免做低贡献度的工作,而选择能获得最佳成效的工作。工作时总是专注地忙于有建设性的事务,不是花时间在交际应酬或无意义的工作上。如果你也能学习这种工作态度,绝对有可能使工作成果增加一倍,甚至两倍。

要将最多时间投入于最高价值产出的工作上,就必须能熟练地决定优先要务,通常可采取以下两种做法:

(1) 照表执行。每天列出当日必做的工作清单,这些工作可能来自其他清单,且要定期更新。内容包括:

◎计划完成的总工作清单。

◎每月工作清单——未来一个月的主要工作

清单。

◎每周工作清单——必须进行的计划。

（2）把每项工作以优先顺序编排好代号，如A、B、C、D或E，依据每项工作所需时间与注意力评定等级：

◎"A"代表现在必须立即做，否则会产生不良后果的工作。

◎"B"代表应该做的工作。

◎"C"代表如果可能，最好能完成的工作。

◎"D"代表可以有效地委任别人去做的工作。

◎"E"代表大可忽略或删除且无碍的工作。

接着，把所有评级"A"的工作排进工作时间表，使你达到最高生产力的时间运用。

为专注工作，并取得更好成果，应该常问自己下面六个问题：

（1）哪些是能产生最大价值的工作？

（2）哪些领域是个人应该达成的成果？

（3）公司为什么雇用我？

（4）该如何作出真正贡献？

（5）如何运用现有时间，就可获得最高价值？

（6）就个人目前所知所学，该有何不同作为？

关键思维

能为公司及社会提供更多有价值的贡献，你必能获得更多的机会。你也会比同领域中其他人进步得更快，很快就能成为产业中的佼佼者，随成功而来的则是报酬、赞赏、名望。人人都会认为你是走运，其实，促成你在事业与职场成功的终极因素是你自身的能力，它促使你与众不同。

——博恩·崔西

四　仿效法则

> 原则 10：掌握时机，行动愈积极，运气愈佳

　　对你所做的每件事都应抱持紧迫感，行动越积极，越能正确掌握时机。好好规划人生并安排时间，完成更多工作，并在机会到来时，能更快速地行动。

　　绝大多数人未能注意新机会来临，也未能善加掌握。换句话说，越能快速掌握先机，你的工作或事业就越能动力不断地向前推进。学习事业领域的愈多专长，知识就愈丰富，也愈能察觉新机会。因此，你应该养成主动且积极行动的习惯。

　　有些成功的企业是愿意做更多的尝试，有些则是比其他竞争者抢先开发出新产品，或是能明

智地冒险。不论是哪一种，全都归功于做好准备，随时采取行动，而非只是停留在思考该做什么的阶段。

下列方法能帮助你变得更有行动导向：

（1）加快工作速度——设法在每件工作上变得更敏捷、更有效率。

（2）拉长可专注工作的时间，不受其他事务或电话等干扰。

（3）多做重要的事，别把时间浪费在不能创造价值的工作或事务上。

（4）做自己擅长且乐在其中的事，这样才能把能力与自信反映在工作品质上。

（5）把相似的工作整理集结，才能同时兼顾这些工作，提高效率。

（6）重复做相同或类似的工作，形成学习曲线，使你变得更擅长这类工作。

（7）简化工作，提高效率。

同理，下列方法对提高个人精力大有帮助，

使你行动更迅捷：

◎摄入正确且健康的食物。

◎从事有益健康的运动。

◎注意控制体重。

◎获得充分休息与放松。

◎三餐之外，添加维生素与矿物质补充品。

◎对人生保持乐观、积极的态度。

◎不要老是想着负面、消极的事。

原则11：性格很重要，一开始就要努力变成自己景仰的那类人

你的内在品质良好完美，外在环境也会随之改善。若想改变外在世界的境况，应该先改善自身的内在世界。

性格是运气的前兆，是带来好运气最重要的因素，会吸引与你性格相投之人，也会带来美好境遇、创意想法、更多机会与资源。你的外在会反映出内在，因此，通过改变形成性格的价值观、信仰与信念，便能改变外在世界。

你如何定义成功？除了老套的"有足够的钱，就可以做任何想做的事"之外，多数人往往从外界对自己的评价来定义成功。自己受到景仰之人的认同与赞赏，认为这即是成功；塑造出受大众喜欢与尊敬的性格，就是我们认定的成功。

优良性格具备下列要素：

◎美德——以建设性的方法，为他人谋福祉。

◎正直——别人相信你言出必行。

◎信任——能信赖他人。

◎诚实——不自欺欺人。

◎自律——即使是不喜欢做的工作，只要有必要，仍会全力以赴。

◎责任感——不论是由自己还是由部属完成的作业，你都对其负有责任。

◎同情心——以尊重及理解的心态对待所有人，不管他们是什么背景。

◎亲切——让你周围的每个人都精神愉快。

◎友爱——不要只关心自己的需要，也要重

视别人的需要。

◎温和礼貌与良好的态度——特别是对最亲近的同事。

◎平和的心——对自己的处境与生活方式感到满意而不怨怼。

若能养成良好性格,自然就会有更多机会青睐你,好性格通常是好运道的最佳保证。因此,想要工作事业取得更好发展,就要培养更健全、更充满活力的性格。

关键思维

最重要的是,你必须不自欺,然后不欺人,始终如是。

——莎士比亚

原则12：幸运眷顾勇者,你必须勇于开始,并有永不放弃的决心与毅力

如果没有勇气朝向自己的目标并坚持到底,

那么什么都不会发生。就算是最棒的目标，除非采取行动向之迈进，并有决心与毅力坚持到成功的那一刻，否则也只是个未实现的空想。

缺乏勇气，则会被太多分心的事干扰、降低你的成就。你应该发挥潜在能力，大胆、自信地朝所选择的方向迈进。抛开所有借口，保持积极乐观的心态，充分掌控自己的情绪，你将会为自己能如此快速地蓄积一股冲劲感到惊讶。

为求好的开始，从下列疑问着手：

◎如果我知道自己不会失败，那么最大的梦想会是什么？

◎能否想出一个和我有着相同限制，仍能始终如一、功成名就的人？

◎现在有哪些习惯限制了我的成就，使我停留在自己的安逸区内？如果我改变这些习惯，真正的潜力又是什么？

◎追寻向前迈进的路上，我到底害怕什么？该如何去除这些忧虑？

◎若做新的尝试，最糟糕的情形会是什么？若这种状况真的发生，又该如何处理？

◎为使自己稍稍向目标迈进，今天该做些什么？

有好的开始并向前迈进固然重要，但唯有坚持，才能获得最终成功。成功的关键，通常在于比其他人坚持得更久。因此，你必须有坚持到底的决心，并有心理准备要排除偶尔（或经常）出现的挫折与困难。

不论任何情况，遭遇困难时，你都要自问：

◎在目前的状况下，做对了什么？

◎下次再遇到相同的情形，如何才能做得更好？

经由如此反省，才能确保自己从中吸取教训，同时，这些问题也能帮助你在展望未来时仍具信心。更重要的是，一时的挫折是跃向未来更大成就的跳板，一个有毅力坚持到底、能从失败中学习的人，会成为不屈不挠且善于掌控自己命运的人。你应该成为这样的人，不屈不挠，坚持到底。

关键思维

勇气是最重要的美德，因为其他美德全仰赖勇气。

——丘吉尔

做你所畏惧的事，就能克服畏惧。

——爱默生

勇气并非什么都不怕，勇气是能控制畏惧，征服畏惧。

——马克·吐温

有史以来，人们就已经反复多次找到了成功的法则。当你结合这些法则，你就会变成非常积极、以未来为导向、充满活力、令人喜爱、能干、技巧纯熟、聪明、乐观之人。你会变成不屈不挠的人，开始在生活各方面迎接好运。当人们说你运气真好，你可以谦卑地微笑，同意你的确

创建你的未来

很幸运，但你内心非常清楚，这根本不是运气好，全都是自己挣得的。

——博恩·崔西

高效能人士的 7 个习惯

The 7 Habits of Highly Effective People
Restoring the Character Ethic

原著作者简介

史蒂芬·柯维（Stephen R. Covey），美国著名的管理学大师，曾被美国《时代周刊》誉为"思想巨匠"、"人类潜能的导师"，获选"影响美国历史进程的25位人物"之一，世界最大的管理暨领导力开发公司——富兰克林柯维公司的共同创办人及联合主席。他也是《领导者准则》《要事第一》《高效能家庭的7个习惯》等书的作者或共同作者之一。柯维毕业于犹他大学、哈佛商学院和杨百翰大学。

本文编译：李芳龄

主要内容

主题看板	典范与原则/51
5分钟摘要	7个习惯概观/57
轻松读大师	P/PC平衡/59
	习惯1　积极主动/60
	习惯2　把握方向/63
	习惯3　要事第一/67
	群体成功/71
	习惯4　追求双赢/74
	习惯5　知彼及己/78
	习惯6　集思广益/82
	习惯7　精益求精/85
	从内心出发/90
延伸阅读	经营精品更须精益求精/92

个人效能
习惯7 —— 精益求精

互信互赖

↑

群体成功
习惯6 —— 集思广益
习惯5 —— 知彼及己
习惯4 —— 追求双赢

独立自主

↑

个人成功
习惯3 —— 要事第一
习惯2 —— 把握方向
习惯1 —— 积极主动

依赖他人

主题看板

典范与原则

典范指我们看待与了解这个世界的方式，是我们用来解读外界信息的心灵导引，同时也是个人如何诠释现实的关键。原则则是历经时代考验，证明具有恒久价值的人类行为指南。我们的挑战在于，为自己建立生活原则的典范。

很多外在成就非凡的人发现，自己为人际关系的内在需求所苦所累。像这样的问题是无法靠特效药解决的。

最近有一项学术研究，探讨人类观念是如何形成的，以及一个人看待事情的方式如何左右他的行为，由此又衍生出对期望理论和自我实现预言的研究。最后的结论是，不论一个人怎么努力改变态度，如果观念不改变，就无法实现真正的改变。

过去50年来讨论成功的著作多半太过肤浅，到处充斥相同的社会形象意识和速成之道。另一方面，再往前150年，有关成功的著作却强调：品德伦理才是个人成功的基石，如正直、谦虚、诚信、公正、耐心及推己及人。

品德伦理告诉我们，成功的生活有其基本原则，唯有把这些原则融入个人性格，才能享受真正的成功和持久的幸福。第一次世界大战后，对成功的基本看法由品德伦理转向个人魅力，所谓成功变成只是对个人身份、公共形象、态度和技能的展现，讲究的是公关技巧和积极心态。

个人魅力有些部分显然属于人为炒作，甚至是欺骗。虽然大家有时会考虑个人的品德，但没有人认为这是全面成功的基本要素；讨论成功时也许会提及，但一般我们强调的成功之道，不外乎影响他人的手段、权力策略、沟通技巧和积极态度。

或许依循前人的基础向上发展时，我们不知

不觉中变得过于重视次要特质，反而忘却了首要的特质。只注重技巧是舍本逐末，因为这完全忽略了技巧之所以有用的真正原因。如果没有扎实的基础作为后盾，成功将难以持久，好比为求考试拿高分而临时抱佛脚。追根究底，我们是什么样的人比我们说的话、做的事更具有说服力。有些人是因为我们了解他们的品德，所以能够全然信任他们，无论他们口才好不好、沟通技巧是否高明，我们依然对他们信任有加，愿意合作。

《高效能人士的7个习惯》是柯维最畅销的著作，高居美国畅销书排行榜10年之久，并以32种语言在全球72个国家出版发行。在书中，柯维将应当养成的成功习惯归纳为7点，鼓励读者发掘自我。

7个习惯囊括了许多充实人生的基本原则。正确的原则是持久幸福与成功的保障，7个习惯就是把这些原则内化的途径。在研究这7个习惯之前，先看看典范的力量。典范像一幅地图，在这幅地图上,并不是真的有一块块的地理区域,而是有与地理相关的解读或模式。

每个人都随身携带两种心灵地图——一种指引客观实际情况,一种指引我们认知的情况。我们常以为肉眼所见就代表实际状况,所以我们的态度与行为都来自这些自以为是的认知,进而影响我们与他人的互动。换言之,诚恳、头脑清楚的人可以从不同的角度看同一件事,因为每个人都是透过自身经验的特殊镜片向外看这个世界。

越是明白自己的典范所在,以及这些典范如何影响自己的看法,我们就越能对自己的典范负责,不断用事实检测这些典范,并且设法用更客观的观点从更大的格局去看待事物。托马斯·库恩在《科学革命的结构》一书中指出,几乎每一项科学研究的重大突破,都是先打破传统、打破旧思维和旧典范。

典范转移,不论是突发的或渐进的、正面的或负面的,都会影响到我们看待世界的眼光,进而影响我们的行为态度与人际关系。所以，如果想要改变生活，我们可以把重点放在典范上。典范跟我们的品德是不可分的。

品德伦理基于一个基本概念——有些不变的自然法则可以影响人类的效能。不管我们的心灵典范能够反映多少现实的价值，任谁都无法否定现实的存在。

经得起考验的原则，不断在人类社会的循环中浮现。事实上，人类若无法和谐生存，就会走向纷争与毁灭。例如下列这些经得起考验的原则：

◎公平

◎正直

◎诚实

◎人性尊严

◎服务

◎品质卓越

◎人类潜能

原则不是作为（在特定状况下可行的特定活动），也不是价值（价值只是原则的地图）。从这个角度看，个人魅力之所以吸引人，就在于个人魅力似乎可以提供捷径迅速致富，不必付出代价便可以享受高品质生活。但那是虚幻而不真实的。我们怎么看待问题才是真正的重点。

本书的7个习惯是新的思想层次——以原则为中心、品德为基础进行典范转移，从改变一个人思考的方式开始，进而改善个人效能。

5分钟摘要

7个习惯概观

品德基本上是习惯构成的。习惯对我们的生命有极大影响力,因为习惯足以影响和塑造我们的品德,并产生效能。习惯可以定义为知识(该做什么)、技巧(该怎么做)和愿望(想去做的动机)的交集,三方齐备才能形成一种习惯。

幸福可以定义为"牺牲眼前需求"而换取的最终目标和最后收获的果实。真正独立的品德可以给我们力量,让凡事操之在我,不会消极被动。生命的本质是相互依存的,从中可以达成更多成就,同时开启与他人有意义分享的契机,进而充分运用他人丰富的资源及潜能。但在能够真正独立之前,是无法做到有效相互依存的。

7个习惯提供渐进、连续及全面的步骤,帮助大家提升做事的效能,让我们能够从依赖他人进步到独立自主，再成长到能与人互相信赖，不但有能力照顾别人，还有办法集合众人之力提升个人的效能。

◎前三个习惯着眼于寻求个人的精进或成功，可以借此发展个人的特性，并为其他习惯奠定基础。

◎其次的三个习惯是说我们该如何与他人合作，着眼于创造群体的成功。

◎最后一项习惯可以全面改善我们的生活效能。

这7个习惯能帮助我们由内心出发，塑造完整健全的人格。

P/PC 平衡

7个习惯的作用是提高效能，而这里所谓的"效能"，则是 P/PC 平衡的结果。

P 代表想要的结果，PC 代表产生结果的能力获利。效能的精髓在于如何平衡短期与长期的利益。

```
P                              PC
产出                            产能
```

以机械为例，P 是机器，PC 是必要的定期保养。如果我们只重视 P（高产量）却牺牲 PC（定期保养），等于是为了短期利益牺牲长期的生产力。长期成功必须靠维持适当的 P/PC 平衡，两者均不可或缺，都必须重视。

你的未来可以预见

习惯 1 积极主动

我们可以选择自己要如何回应各项信息或资讯，我们有能力自主行动。积极主动则意味着，在任何状况下都能主动选择自己回应的方式，不盲目应对。

人类是唯一能够思索自己思考过程的动物，其他动物只能单纯依环境反应。人类可以控制自己的思想，所以得以学习老祖宗留下的智慧，并且能够评价和学习别人的经验。这是自我意识原则，也是人类最基本的典范。

理性的人，针对不同刺激都有自由选择如何反应的权利。这是基于我们有以下的能力：

◎自我意识——控制思想的能力。

◎想象力——在脑海里创造新现实的能力。

◎良知——判定是非对错的意识。

◎独立意志——把思想付诸行动的能力。

换言之，动物无法改变它们的意识反应，可是人类能够决定自己要怎样面对新情况。在状况发生时，每个人都有能力决定是要消极认命还是掌握主控权。能够自己决定如何回应各种状况，这才是"反应能力"的真正意义。积极主动的人都很有责任感。

凡事积极主动，表示个人的行动完全依循自己的价值观，这些价值观是经过深思熟虑后内化成为思想的，所以这种人不会冲动行事。但消极认命的人往往会被一时的激动所淹没。

发生了什么新状况并不重要，重要的是我们要如何回应。最艰难的境况往往是淬炼品德、培养毅力的良机。人生最要紧的不是自己遭遇了什么苦难，而是怎么去应对。人类的天性是倾向采取行动，不会坐以待毙，有能力对自己的处境主动应对。

积极主动并非操之过急、不择手段或麻木不

仁。积极主动意指，从内心相信自己能够控制外在情况，也就是会设法促成正面的变化，不为眼前的形势所困，把心力放在如何应对上。只要这么做，你便摆脱了一切外在力量对你的影响。

我们虽然可以自由选择行动，却无法选择行动的结果。决定最后结果的是自然法则，非我们能力所及。比如，我们可以决定要不要站在一列行进中的火车前，却无法决定火车撞上时会有什么后果。我们有选择如何应对的自由，不过这么做也等于自动选择了随之而来的后果。

要从日常生活的平凡事件中锻炼和培养积极主动的习惯。我们从小事情上展现真正的品德特征，如对日常小难题的反应，便可以影响我们对大灾难应变的能力。

习惯 2 把握方向

把握方向是指，将符合人生目标的意象或品德典范，作为检视所有事情的标准或参考架构。人生的每一阶段，都应该依据这个长期的整体的观点来加以检验。

要把握方向，我们必须对人生目标和目前处境有明确的认识，然后才知道还需要做哪些努力才能实现人生的目标。我们很容易盲目追求成功，却往往忽略成功的定义，结果白忙一场，换来的只是一堆空洞的胜利，还得付出错失良机的代价。我们也许马不停蹄，也非常有效率，但唯有把握正确的方向，才算得上真正有效能。

把握方向是建立在所有事物均有两次创造过程的原则上。第一次是心灵创造，第二次是实体创造。第一次创造或许是自己有意识安排的，也

你的未来可以预见

可能是外在压力造成的。我们可以自创人生脚本，也可以被动地照别人写好的脚本生活。

举个清理丛林的小故事为例。经理人指挥工人，要他们把锯子磨利，加强运动把身体肌肉练好，并改进工作效率。等工人领班爬上最高的那棵树，四下观察后大叫："走错丛林了！"经理人却回答："管他呢，你看我们清理杂草多么有效率。"

效能不是只问我们花了多少力气，更要问我们是否找对了丛林。成功的管理无法弥补失败的领导。"把握方向"有一个十分有用的方法，就是拟定自己的使命宣言、人生哲学或信仰，内容应侧重于个人想成为什么样的人（品德）、想做什么事（贡献与成就），以及做人做事所遵循的价值或原则。

使命宣言是白纸黑字明确的标准，是评价和指导所有行为的基本准绳，是日常决定的依据，是据以订立长短期目标的基本方针。

理想的状况是，把正确的原则作为我们生活

的核心。正确的原则不会改变，也不会随波逐流；正确的原则是深邃的基本真理，一以贯之并历久弥新。最可贵的是，正确原则的真伪无须经过刻意的验证，我们在实际生活中自然就可以体验。以正确的原则为中心的生活带给我们智慧和指引，帮助我们认清事物的现状、过去和未来，能够不受别人态度与行为的影响，让我们对生活抱持正确的观点。

使命宣言不是一天便能写得出来的，必须经过深思熟虑，花很多时间深思反省才能完成。拟写的过程与最后的产物同等重要，同时也需要结合新的心得或环境变化，定期检查和修正。

撰写使命宣言左右脑都要用到，左脑偏逻辑思考，处理语言和细节；右脑偏直觉与创造，处理图像和关系。撰写使命宣言时，我们直觉上习惯只用左脑，然而右脑可以提供的角度和帮助一样重要。为了善用右脑，你可以在脑海中想象与模拟自己努力一生想要得到的结果。可行的方法

你的未来可以预见

如下：

◎想象参加自己的葬礼，撰写自己的讣闻。你希望怎么记述自己的事迹？

◎想象结婚50周年纪念，你与家人的关系会如何？

◎想象退休那一天，同业对你会有怎样的评价？

自我领导无法毕其功于一役。撰写使命宣言不是自我领导的起点，也不是终点，这是个持续不断的过程，使愿景和价值观不离开你的视线，使生活不偏离你最笃信的基本原则。利用使命宣言写出鼓励的话语指引自己的行为，这些话语是个人的、正面的、现在式的、模拟的、充满感情的。

有研究发现，几乎所有世界级的运动员和顶尖的表演者都是模拟高手。他们在实际行动前，会先在脑海里想象、感觉并体验那个过程。他们要在确实掌握方向后才出发。你也可以在生活的每一层面中，借助个人使命宣言的鼓励话语自我激励。

习惯3 要事第一

有效的个人时间管理，核心就是尽量把最多的时间用于处理重要的事务，提升效率。

所有的活动可分成4类：

1. 重要也紧急	2. 重要但不紧急
3. 紧急但不重要	4. 不紧急也不重要

（1）重要也紧急——包括应付危机、迫切的问题或时限紧急的工作。危机经理人和重视问题的人，会把大部分心力投入到这方面的时间管理。

（2）重要但不紧急——如预防维护、建立关系、创意思考、规划及休闲等。这部分是有效个人时间管理的核心，也是增进企业效率的关键。

（3）紧急但不重要——如电话、信件、会议及其他急事。这类工作之所以紧急，多半仅因为别人期待你马上处理，有些人把时间花在这里，满以为自己是在做重要的事。

（4）不紧急也不重要——包括琐事、信件、浪费时间的举动及有趣但无害的活动。把所有时间用在这方面，是完全没有效率的。

我们的目标是尽可能扩大用在区域2的时间，即重要但不紧急的活动，这是有效个人时间管理的核心。多完成区域2的工作，就不致频频出现区域1的问题。

高效能的人不担忧问题，而是机会，他们注重防患于未然。集中精力在区域2活动的唯一办法，就是减少浪费在区域3与4上的时间。要积极主动选择区域2的活动，对区域3与4的活动善于说"不"。有时候这就需要社交手腕。根据正确的原则，并以使命宣言为生活重心，这是我们作决定的指南。无论你愿不愿意承认，一个人如何运用时间，直接受个人如何看待当务之急所影响。

区域2管理的目标是让你的人生更有成效——以正确的原则为中心，对个人使命（以重要又紧急为主）有清楚的了解，以及在产出与产能之间取得平衡。

区域2时间管理技巧的6项准绳如下：

（1）一致——个人使命宣言与长短期活动相互协调。

（2）平衡——找出个人扮演的各种角色，把握每个角色的重点，以免不小心忽略了重要的领域。

（3）以区域2为重——我们该做的是预防和预期，不是危机管控。要把时间妥善规划，好帮助我们完成当务之急。

（4）考虑人的因素——个人规划也必须考量有效处理与他人之间的关系，因为他们有可能会影响你的时间安排。

（5）弹性——时间管理必须完全合乎自己的需要，适当保留一些弹性。

（6）活动性——时间管理必须随时随地进行，而且不只规划工作的时间，应该把所有时间都纳入管理。

时间管理必须从下列方面着手：

（1）找出个人生活中的主要角色——每个人在事业、家庭和社交生活中都扮演各种不同的角色，把你每星期一般所扮演的角色写下来。

（2）选择目标——未来一星期中，你对每个角色想要完成哪几件事。

（3）安排时间——每星期都根据目标检查时间分配。你打算何时腾出时间去完成目标？

（4）机动调整——这是指对突发事件作有意义的回应。每星期的目标越是与正确原则及使命宣言紧密结合，就越能提高个人的时间效能。长期规划是指，由使命宣言领导每个角色，不同角色又有各自的目标，目标再决定计划。

群体成功

有效的相互依存，只能建立在真正独立的基础上。互信互赖是独立的人才有的选项。个人成功必须先于群体成功。如果不先付出获致个人成功的代价，就无法与他人获致共同的成功。

左右人际关系最重要的不是言行，而是人的本质。如果我们的言行只靠表面功夫，不是发自内心，别人是会感觉出来的。所以，建立任何关系的起点是我们的品德。

互信互赖开启建立深入、丰富、有意义联系的种种可能性，由此提升生产力，但这也有可能是我们获得生命最大乐趣与最深痛苦之处。互信互赖就仿佛一个情感银行的账户，这个账户的存款包括礼貌、仁慈、诚实、开放及守信。如果这个账户信用良好，偶尔犯错的话还可以弥补；若是这个账户空空如也或已经出现赤字，那么关系就很紧张，不论你说每句话或做每件事都必须小心谨慎。

在情感银行账户存款的方式如下：

◎了解对方——某项行为对某人来说是存款，对另一个人却可能不具意义或甚至是提款，因此你必须了解对方的好恶。

◎注意小节——在人际关系或社交过程中，讲究的其实都是些是否礼貌、是否体贴的小细节。稍不经意，疏忽表达尊重的态度，很可能就会造成大量的"提款"。

◎信守承诺——守信用是很大一笔存款，食言是最大的"提款"。一般人对承诺往往都满怀期待。

◎澄清期待——许多问题的出现，往往只是因为彼此的期待相互冲突或暧昧不明。所以出现任何新情况时，把各方期待摊在台面上一起讨论是极为重要的，不过这可能需要相关各方拿出勇气。

◎展现个人正直——正直是许多种"存款"积蓄的基础，少了正直，几乎所有其他存款都难以成立。诚实是说实话，有把握做到才说。正直则是言行一致，信守诺言，并达成别人对你的预期。展现正直的重要方式之一，便是不背叛不在场的人，表现出人前背后一贯的态度。正直代表你对每个人都用同一套原则去对待。

◎"提款"时诚恳道歉——这需要高尚的品德。

习惯4　追求双赢

与他人共事最有效的做法，就是建立彼此双赢的关系，并着重于成果而不是达成的方法。

人类互动的基本模式有以下几种：

◎双赢——在交易中不断用心寻求对双方都有利的条件。各方均认同最后的决定，并遵守商定的计划。

◎我赢你输——运用身份、地位、权力、财富或专断的个性，也包含喜欢跟人家较量的心态。

◎我输你赢——这是投降，也可能是姑息纵容，任凭对方为所欲为。有些人不断在输赢之间交替选择。

◎双输——这情况大多都是"宁为玉碎不为瓦全"，只求不让对方如意遂愿，不惜付出任何代价。

◎我赢——只顾己方利益，完全不考虑对方立场，任其自生自灭。

◎双赢否则免谈——意指若无法完成对双方都有利的协议，彼此同意好聚好散。也就是说，如果双方发现各自的方向不同，就不要勉强达成协议，大家各自保留一些空间，化解负面情绪。

上述选项中最可取的是最后一项：双赢否则免谈，尤其在刚开始建立商业或个人关系时。

"追求双赢"可以分成以下5个层面：

（1）品德——追求双赢，双方必须都有正直（坚持自己的原则）及成熟（在勇气和为人着想之间取得平衡）的品性。有勇气表达自己的感受，又能顾及别人的感受，这是一个人成熟的表现。追求双赢最后还需要有富足的心态，这样大家便能明白有足够的利益供大家分享。有匮乏心态的人往往认为只有一个饼，必须拼命去抢到最大一块；而有富足心态的人则认为到处都是机会，没必要一个人独占。

（2）关系——情感银行账户是实现双赢的一个关键。如果在一段时间内存入足够的存款，双方就有足够的信赖，不必因为个性上的冲突而分心，可以把全部心力放在应对问题上。双方若是都有大笔的情感银行结余，再加上致力于追求双赢，那就有可能产生可观的收益。若是对方无意于追求双赢，那我方必须采取积极主动的原则，不断以言行证明，直到对方相信你是真正想要达成双赢的交易。

（3）协议——协议赋予双赢内涵与方向。有效力的协议应着重于想达到的结果，而不是该采用什么方法。协议中应说明衡量结果的标准、可以运用的资源和相关责任的归属，以便考核和奖惩。

（4）制度——要在组织中根植双赢的心态，必须以制度为后盾。如果嘴里说的是双赢，可是行动上却是我赢你输，那就别怪人人都只追求个人利益了。凡培训、企划、预算、沟通、资讯、薪酬制度，全都要以双赢为原则来设计。

（5）过程——达成双赢的要诀是对事不对人，重视利益而非立场，找寻对双方都有利的新途径，坚持客观的标准，即两方都能接受的外在准绳或原则。这些过程在习惯 5 和习惯 6 中会有更详尽的说明。

习惯 5　知彼及己

一般人都有好为人师的天性，却又不肯先花点时间了解别人为什么会有某种想法，就忙着提供意见或插手解决。然而真正的成功秘诀在于：先设法了解别人，再设法让别人了解自己。

大部分人没有受过有效聆听的训练，但都受过多年有效读写的教育。如果真心想要跟别人互动，就必须花时间认真倾听他们的心声。除非你能向对方证明，你懂得他跟别人不一样，否则对方是不会敞开心扉接受你的意见的。这不仅仅要靠技巧，还必须以品德和情感"积蓄"作为后盾。

大多数人听别人讲话不是为了解对方，而是为了答话，嘴里不是正在忙着说，就是在随时准备要接话。我们都是透过自己经验的镜片去看别人。而了解他人的关键在于设身处地地倾听，真正努力去了解对方想要传达的所有讯息（包括非语言的信号）。我们要百分之百重视对方的看法，不要把自己的经验投射到对方传达的讯息上。

一定要记住，当人的需要获得满足后便失去采取行动的动机，例如人吃饱了就懒得去找食物。同样道理，在自己没有完全了解情况之前，不可也不应直接就跳去解决对方的问题，满足自己的需要。先诊断再开处方，其实这需要我们自己有很强的安全感，因为这么做等于是先把自己的内心敞开，随时有可能受到对方影响。

业余的业务员只卖产品，而专业的业务员提供的是解决问题和满足需要。这是所有真正专业人员的标记。律师在准备打官司前，会先搜集相关事实资料以了解情况，包括法条和判例；称职的工程师在设计桥梁前，会先了解结构中有哪些张力和压力交互作用。正确判断的关键在于了解，若急着先下判断，则永远无法彻底去了解。

遇到别人有问题时，你真心地聆听并设身处地了解，那么对方愿意开诚布公、毫无保留的态度将大大出乎你的意料。设身处地倾听需要花时间，但绝对比日后发生误解再去更正弥补要省时、有效。

了解了别人之后，下一步则必须让自己被别人了解。成熟的定义是有勇气，又能为人着想。了解别人必须要能为人着想，要让自己被别人了解，则需要勇气。双赢对这两方面要求都很高。

希腊人的哲学智慧可用3个词表达：品格、同理心和理性。品格指个人诚信、正直和才干，其实就是个人情感银行的结余；同理心指情感，代表在情感上认同对方；理性指逻辑，主要是推理能力。请注意这三者的顺序：先品格，再同理心，再理性——即品德、关系和逻辑。大部分人都直接诉诸理性，未能先考虑品格和同理心。

当你能够清楚、确切、生动、有所依据地（依听者所关切的依据）表达自己的想法，那这些想法的可信度便会提高。习惯5可以提升个人表达能力的精准度、完整性和效能。

习惯6　集思广益

集思广益意指全体的效益大于部分的总和，即将群体的各部分集合起来，可以创造原本几乎不可能发生的新收益。那是创造性合作原则带来的一种潜力无穷的创造力。

集思广益是前述各习惯整体的真正考验和效能展现。

在大家广开言路进行沟通时，我们会向新可能、新途径及新选择敞开胸怀，如此才有可能开创超越过去想象的全新境界。这就是团队精神真正的要义。在集思广益的过程中，我们永远无法确定最后的结果是什么，唯一能肯定的是，使用这个方法最后必定物超所值。群策群力确实比单打独斗成果丰硕。充满新见地、新观点、新典范，可以带来新选择与新途径的美丽新世界，将完全展现在你眼前。

像拟订使命宣言这一类的活动，就应该在集思广益的环境下进行，但这需要所有参与者高度互信和合作。互信的确是个关键。若是双方无法取得信赖，讨论过程中便会抛出一大堆法律术语，以保障各自的利益。若是双方只有某种程度的信赖，沟通时会彼此尊重，并礼貌达成明智的折中方案。最具有创造力的情况，则以双方互相高度信赖为前提。集体得出的解决方案，比任何一方独力所能办到的高明许多。

集思广益的能量和效益来自人与人的差异——凡心灵、感情和心理上的差别都可以发挥作用。正是因为结合了个别的典范，才使集思广益的力量如此之大。一旦我们重视人和人之间必然有的不同观点，就能超越现有的局限。假设有两个人意见相同，那其中一个就是多余的了。集思广益也可用在处理妨碍成长和改革的负面势力上。我们当前的表现水准是靠两股力量：鼓励向上的（正面、逻辑、意识或经济）推力，和阻碍向上的（负面、情绪、非逻辑或非意识）拉力。增加推力固然可以提升效果于一时，但通过集思广益，不仅增加推力，更能减少拉力。集思广益是集前面所有习惯之大成，没有前面各习惯为基础是行不通的。在团体环境下，集思广益是指与他人合作；在个人行为上，则是指融会贯通。

习惯 7　精益求精

花时间精益求精，也就是不要只顾埋头苦干，连工具钝掉了都没有察觉。抽出时间来，定期提升你在身体、精神、心理和社会或情感等方面的状态。

精益求精包含以下 4 个层面：

（1）身体层面——每天抽出至少 30 分钟做运动，可以大幅提升一天工作或生活的品质。规律的运动能维护并加强你适应工作和生活的能力。运动绝非紧急之事，但你必须主动出击，定出自己的标准。你也会发现，运动可以改变你对自己的观感。

（2）精神层面——调整自己的精神层面，可以引导个人有更好的生活，这与习惯 2 关系密切。精神层面是个人价值体系的核心，建立在启发和提升道德水准的各项活动基础之上。我们用各种不同的方式取得精神力量，不过与其着重于怎么取得这些力量，不如注意关键所在，那就是务必在生活中经常重复可以振奋精神的行为。

沉浸在伟大的文学或音乐作品中，可以使有些人的精神获得再生；独自与大自然交流也能取得同样效果。每个人的需要不一样，也采取不同的方式获取精神力量。这明明白白是区域 2 的活动，这些活动也很少是紧急的事项，而且我们通常还必须特别空出时间，定期做精神再生的活动。重点在于，要把时间多花在从生活中取得精神再生的力量。

个人的使命宣言对精神再生可能非常重要。我们可以借此机会重新设立自己的生命重心和生活目的。我们可以在事情未发生前先在脑海里模拟一番，在实际行动呈现于众人眼下之前，先享受成功的喜悦。

（3）心理层面——正规教育教导我们启发心

智、学习纪律、探索新知、分析思考和通过写作表达自己的思想。许多人离开学校进入社会后，就用电视取代教室作为思想的来源。电视做仆人很好，做主人却很糟糕。习惯3提供我们养成自律习惯的方法，不受制于电视，并针对新的主题认真制订学习计划。

活到老学到老，锻炼和扩展心智是极为重要的心灵再生。积极主动的人会想出很多教育自己的方法，或借助外界资源系统地学习课程，或训练客观思考，或进行自我反省，都极为可贵。广泛涉猎，让自己多接触伟人思想，也非常有价值。定期阅读好书可以开阔人生视野。写作是另一项丰富心灵的利器，可以帮助我们思路清晰、推理正确，以及能被他人了解。组织规划各项作业的练习，也是丰富心灵的法宝。

（4）社会/感情层面——以习惯4、5、6原则为中心。社会和情感层面的再生技巧，需要沟通与开创性合作。

我们的情感生活主要建立并体现在与他人的关系上。社会和情感层面的再生，可以在日常通过与他人的互动进行，只需要正确地把握重点和一点点的努力。这个层面的成功与有没有安全感密切相关，若是必须靠别人提供的典范才能肯定自我价值，那就是选择了一条危险的道路。我们应该发展一种自我尊严，这种自我尊严建立在正确的典范和原则之上。一旦生活与真正的原则和价值相符合时，才可以获得内心的平静，而且除了依靠高效能互信互赖的人际关系之外，别无他法。

服务社会和乐于助人也能产生安全感。一旦你因为能够对他人有所贡献而感觉自己的生活变得有意义、充满生气，那就是走在健康、长寿、有益的康庄大道上。

个人的自我再生必须兼顾人性中的这四个层面，不可有所偏废，若是忽视任一层面就会连累到其他层面。使命宣言中应该提及每一层面。

重新找回这些层面的平衡可以发挥最大的综合效能。对某一层面所做的努力，也会对其余层面产生正面的影响，彼此之间密切相关。每天花一小时更新身体、精神和心智，让自己每天都享受个人小小的成功，就是培养7个习惯的关键，也是达成群体成功的基石。

再生是原则也是过程，帮助我们向上提升，获得成长、改革及不断进步。向上提升的循环有3个步骤：学习、投入和行动。要在向上提升的循环中前进，就必须在学习、投入和行动这三方面不断挑战更高的境界。我们要保持不断进步，就必须一再重复这个循环。

从内心出发

在刺激和反应之间有一个唯有自己才能填补的空隙，这个发现赋予我们完全掌控自我生活的力量。我们不能再把责任推给外在环境，也不能把自己的成就全归功于基因。这7个习惯帮助每个人从内心出发（品德驱使的行为），不受外在左右（环境驱使）。真正的改变来自内心，而不是从外在强迫自己一定要保持什么态度或遵守哪些行为。这种改变来自构成我们思想的根源、我们遵循的典范和基本的品德模式。

能够和自己、心爱的亲友及工作伙伴建立完美的关系，是7个习惯最可贵、最甜美的果实。要养成完美的品德并不容易，但可以办到。完美品德的养成无法速成，必须以正确的原则为生活核心，兼顾改进做事的技巧与提升做事的能力，那我们将如虎添翼，创造出高效能、有意义而幸福的生活。

延伸阅读

经营精品更须精益求精

文/刘荣松

玫琳凯化妆品（Marykay）总裁玫琳凯曾将世人细分成四种人：第一种人让事情发生，第二种人看事情发生，第三种人想知道发生了什么事，而第四种人则浑然不知发生了什么事。细分这四种人的关键就在于计划。

有计划才有将来

据有关统计，世界上只有3%的人，在生命过程中拥有明确而具体的计划；10%的人只对自己的目标拥有概略的认知；50%的人曾经想过要做计划；剩下37%的人则想都没想过要做计划，也从来没有任何人生目标。

表面上看来，做计划似乎是决定人成功与否的关键，但最近有一项研究，针对人的观念及看事情的方式如何影响和左右人的行为进行分析探讨，结果发现，所有行为的发生都是由观念产生。换言之，要达成目标，就要有计划，但是光有计划还不够，更重要的是要有达成计划的正确观念。

一念天堂，一念地狱

有一个大家都熟悉的故事：两个卖鞋的商人被同时丢到了非洲，一个人垂头丧气地说："这里的人这么穷，连一双鞋都穿不起，我在这里怎么可能将鞋子卖出去？"另一个人却高兴得手舞足蹈，他说："真是太棒了，这里的人都还没有鞋穿，市场真是太大了！"佛家说："一念天堂，一念地狱！"差别真是不可以道里计。

要形成好的观念，并指导正确的行为，并非易事，必须要时时纠正自己的想法，而史蒂芬·柯维提及的高效能人士的7个习惯——积极主动、把握方向、要事第一、追求双赢、知彼及己、集思广益、精益求精，就是通向成功的最佳心法。表面上看来，各个心法都独立成章，但是深究后却发现其学理一脉相承，不仅由里到外，也兼顾个人与团体，我可谓受益良多。

涌入我心头的第一个想法是，人不能太忙，太忙会让人失去思考的时间。就我目前的工作状况而言，一天工作时间最少是10个小时，有时甚至达到12个小时，当空中飞人的时间不少，更遑论订计划要分轻重缓急。这就难免会陷入救火队的困境，所有事情都见招拆招，什么事情最紧急就先解决什么事，根本没有心思判断这件事情到底重要不重要。如果总被这种救火队的工作缠身，总有一天你也会遇到瓶颈，也会遇到有火扑不灭的时候，一旦到那个境地，即使之前拥有再火热的工作热忱，也会被浇熄。

柿子挑软的吃

在经历了一段救火队的生涯后，我慢慢调整步调，不再随着杂务起舞，凡事到手，我总是会先静下心来，多花时间思考一下，这件事情到底属于重要也紧急、重要但不紧急、紧急但不重要，还是根本不紧急也不重要。就像档案夹归档一样，我会先将事情归档之后，再从中挑出"重要也紧急"、"重要但不紧急"的事项，依序完成，等到最后再去处理"紧急但不重要"以及"不紧急也不重要"的事。

当然，我也不是每次都可以很理性地按轻重缓急的原则做事，有时我也会"柿子挑软的吃"，特别是在士气低落时，我就会先从简单的事情入手，让陷入困境的自己可以有点成就感，等酝酿了足够的勇气后再去面对问题。问题终究不会自行解决，今天不处理，明天难关还在，通过这种缓冲的机制，可以让自己更有毅力。

老板易主，职场生变

其实在走入精品经营行业后，我也曾遭遇不少困境。对我来说，最大的困境则来自于品牌易主之后的认知调适。江诗丹顿在1996年品牌易主，一夕之间，我的老板由港商变成现在的Richman集团，对于当时英文并不是太好的我来说，面临人生一个很大的抉择，到底是要应新老板的邀约留在既有的位置，还是挂冠求去。几经思考，实在拗不过想与自己引进台湾的品牌一起发展成长的想法，我留下来了。如今回首，当初这个决定是对的，因为更国际化的江诗丹顿给了我更国际化的宽广空间。

对于老板来说，没有所谓的经济不景气，不论多困难的处境，你唯一的选择就是成长。就拿SARS期间来说，那段时间市场境况真的很差，大家都怕染病而不敢出门，销售业绩一落千丈。但是熬过那段时间，等到宣布解禁，蓄积的消费力顿时涌现，不仅将之前调降的目标补足了，还有超乎预期的势头。当然，这个过程确实难熬，但是只要咬牙坚持，难关总有一天会过去，一切就可以"操之在我"了。

要说服别人，先说服自己

经营精品，光靠"操之在我"的信念是不够的，再美的东西也要靠经销商的营销和客户的喜好才能销售出去，所要联络沟通的环节可谓是环环相扣。举例来说，江诗丹顿一直给人以男表为主的品牌印象，其实早在1910年时，江诗丹顿就是国际上数一数二的女表品牌，只是后来男表卖得太好了，不少代理商便将营销重心转移到男表上。渐渐地，市场形象就逐渐被扭转成品牌以男表为主打。对于不断追求成长的名牌精品来说，偏重一隅对于成长助益仍是有限。有鉴于此，江诗丹顿有意让女表重登舞台聚焦处，经过一番努力，也果然见到成效，短短几年间江诗丹顿女表的销售比重已经提升到40%，预计今后还会有所上升。

要让女表重获市场青睐，说来简单，做起来却不容易，光是要说服自己笃信女表有市场就很难，更遑论要过经销商那一关！为了让宣传推广更具说服力，我们花了很多时间搜集资料，重点就是在说服自己，然后才有信心可以去应对来自经销商甚至客户的询问。果不其然，很多经销商在获知江诗丹顿有意将营销重心放在女表上，便出现反对的声浪，甚至有经销商挑明了说："男表卖得好好的，干吗要卖女表！"为了平息众议，我们采取了两个对策，第一个是用史实作佐证，告诉经销商江诗丹顿女表的悠久历史和市场好评，放弃这个市场，对经销商是一大损失；第二个则是从品牌着手，多强调品牌形象，利用潜移默化的方式，慢慢将女表与品牌形象结合在一起，等品牌深入人心后，便不会再有人计较男款女款了。就像奔驰汽车一样，从未强调过哪一款车是给男人开或是给女人开。

由幕后走到台前

以往江诗丹顿总是以推手的角色站在经销商幕后，但是在当下竞争白热化的年代，江诗丹顿也开始转变营销策略，不仅仅只是站在供货商的位置，更希望多扮演一点经销商伙伴的角色，和经销商一起走向客户，去开发新市场。江诗丹顿举办了一系列直接面向客户的活动，比如与雷克萨斯汽车合作举办晚会，邀请600多名雷克萨斯和江诗丹顿的客户参加，以开发新客户。

此外，江诗丹顿也积极参与经销商的营运，帮经销商规划全年的库存。简单来说，就是依据经销商之前的销货记录，分析该区域哪款商品最好卖、哪款商品不易销，然后决定各项产品的进货量。此外，江诗丹顿也主动提供国际讯息，帮助经销商了解瞬息万变的国际态势。

当然，光这么做还是不够的，江诗丹顿为了提供顶级的服务，也有意将以往交由经销商负责的维修、售后服务工作拿回到总公司来做。因此，江诗丹顿派出了不少钟表维修师接受技能培训，一旦客户有维修上的需求，便可以有专业人员提供最适当的服务。而不再像以往一样，各品牌手表都汇集在经销商那里，由同一个师傅维修，难免有疏漏之处。

打造一个品牌很不容易，要靠众人之力，而

且缺一环节不可，但是要打压一个品牌却很容易，只要有一个客户不满意，一传十、十传百即成。品牌形象一旦被破坏，之前所花费的精力心血都将付诸东流，即使再花十倍的精力去挽救都无济于事。这也是为何走精品路线的产品，在追求成功上，更要谨终慎始、如履薄冰的原因。

刘荣松，在代理伯爵表的好捷贸易任业务经理，之后任香港商乐时有限公司台湾分公司经理，现为香港商历峰亚太台湾分公司品牌经理。

职场卓越的 5 项特质

The 5 Patterns of Extraordinary Careers

原著作者简介

詹姆斯·希特林（James Citrin），毕业于美国纽约维莎学院和哈佛商学院。目前主管 Spencer Stuart（专为大型企业寻找高层主管的猎头公司）全球科技、通讯与媒体业务，曾经受聘多家知名企业。著有《扶摇直上》，与人合著《50 位顶尖 CEO 的领袖特质》。

理查德·史密斯（Richard Smith），毕业于美国西北大学和佛罗里达大学。现为作家，也为 Spencer Stuart 公司服务。著有《高层人才》，曾在商业刊物发表多篇文章。

本文编译：罗耀宗

主要内容

5分钟摘要	攀登事业高峰的5项方针/105
轻松读大师	一 了解市场的价值创造方法，并采取行动/107
	二 乐于助人——帮助他人成功，他们也会回过头来帮你/113
	三 找到合理务实的方法，克服"许可矛盾"/118
	四 不只做好分内工作，更要有出人意表的突破/124
	五 找个愉快胜任的工作——在职位上发挥个人长处和热情/129
大师观点	组织如何实践5项行动方针/135
	个人如何运用5项行动方针/141
专家解读	登峰造极之人必有登峰造极之术/145

> 5分钟摘要

攀登事业高峰的5项方针

为什么有些人就是有办法升到组织顶层，而另外那些才智不相上下的人却似乎永远被埋没，无法尽展所长？难道这真的与个人运气或政治敏锐性有关？为了以详尽可靠而非道听途说的方式回答这个问题，我们三管齐下地进行一项研究：

（1）从一个存有120万名高层主管信息的资料库中，找出重复出现的要件。

（2）以资深主管为调查对象，寄出8000份问卷调查表，回收了2000份。

（3）用2年的时间进行超过300次的面对面访谈，了解高层主管的想法、目标、信念与行为。

这项研究的统计数字显示，不管是哪个行业的高层主管，都遵循着一条相同的功成名就之

你的未来可以预见

路。下列是平步青云的高层主管有别于平凡之辈的五项行动方针：

❶ 了解市场的价值创造方法，并采取行动

❷ 乐于助人——
帮助他人成功，他们也会回过头来帮你

❸ 找到合理务实的方法，克服"许可矛盾"

❹ 不只做好分内工作，
更要有出人意表的突破

❺ 找个愉快胜任的工作——
在职位上发挥个人专长和热情

轻松读大师

一 了解市场的价值创造方法，并采取行动

登上事业高峰之人，对于所处市场的价值创造方法知之甚详。无论处在职业生涯的哪个阶段，他们都会寻找把知识化为行动的具体方法，为组织增添更多价值。

职业生涯和人生其他许多层面一样，往往被一些细微但影响深远的因素所左右。当你越了解那些潜藏的力量，便越能作出更好的决策，朝向往之处迈进。其中一项关键力量是：个人职业生涯总和自己在市场中创造的价值形成紧密的关系。简单说，要往前推进个人职业生涯，你必须学习如何创造更多价值，然后身体力行。愈是了解这项原则，并做得愈好，你所处的地位就会愈高。

个人在人力市场的身价，取决于下列四项大

环境因素：

（1）人口结构——个人专业才干与能力的整体供需水准。

（2）市场流动性——目前市场人求事和事求人的数目各是多少。

（3）公司价值的波动——所属公司市场价值的波动情形。

（4）智慧资本——与实体资产相比，金融市场如何评定无形资产的价值？

持续不断追踪这些因素，就能慢慢体会该如何提高个人的市场价值。大部分人在职业生涯之初都有雄厚的潜在价值，随着经验和关键技能的累积，经验价值逐渐提高。经验价值愈大，职业生涯的动能就愈强，带来的选择也愈多。

在商界，经验价值的薪酬通常高于潜在价值，主要在于经验比较容易量化。但是个人在市场的身价，并不只是反映目前的经验价值，也应把个人潜在价值考虑在内。衡量职业生涯进程时，真正的评量标准应该是：看个人如何把潜在价值化为宝贵经验，然后激发更多潜在价值，并在未来善加利用。这样的循环运转速度愈快，你的身价就愈高。

人的职业生涯通常会经历下列三种明显不同的阶段：

（1）承诺阶段——在此阶段，一个人的市场价值重点在于个人潜力。一般来说，这个阶段是从踏出校门开始到30岁出头。这个阶段选择在哪个组织工作，以及如何多方面积累经验，对将来的职业生涯影响很大。如果能在早期阶段好好开始建立经验价值，对整个职业生涯将有锦上添花的效果。同样，早期积累的经验愈多，愈容易认清自己的兴趣和专长。

（2）冲刺阶段——个人的市场价值，有一大部分来自你在不同时期的经历及所掌握的技能。在这个阶段，你必须开始审慎控制职业生涯的走向，不能再像花蝴蝶般四处飞舞，必须更专注于专长的领域。一般来说，由于自己的眼界见地，因此在所处组织及其他组织中可以有更多选择。为了更上层楼，所选职位应该最能符合个人所长和兴趣。

（3）收成阶段——同样，个人市场价值有一大部分来自潜在价值，而非经验价值。这个阶段中，选择可能非常多，像是经营别的公司、加入其他公司的董事会、发表演说、写书等。在收成阶段，出类拔萃的高层主管负责执行某些重要职能，肩负一些重要责任。高层主管如果接受新的挑战，关键技术和重要知识往往跨越传统的行业分界，转移到其他的领域。

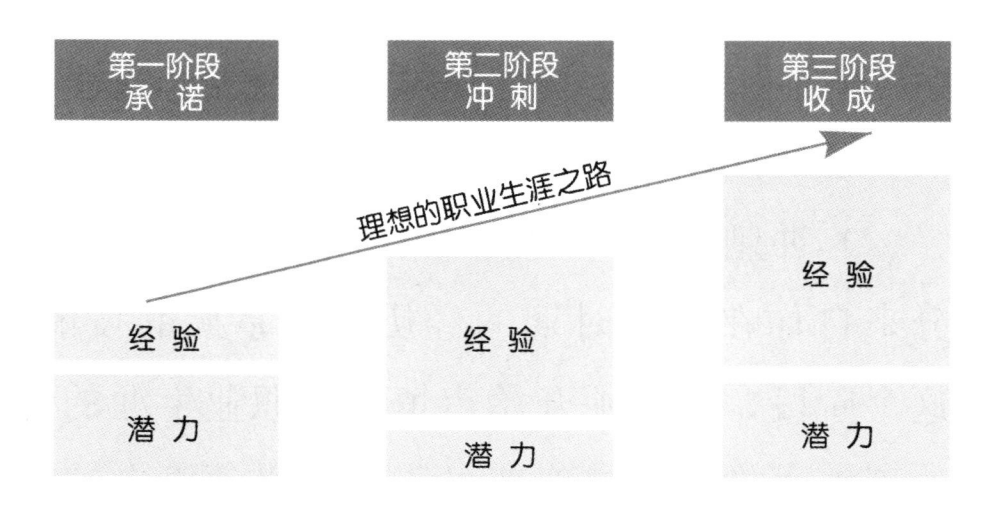

第一阶段 承诺	第二阶段 冲刺	第三阶段 收成
经验	经验	经验
潜力	潜力	潜力

理想的职业生涯之路

职场卓越的5项特质

人力市场看起来好像相当混乱和复杂，但运作方式事实上和其他市场一样，价值会随着供需而变化。个人面对的主要挑战有：

◎ 在某家强大的公司工作，立足于有利的位置。

◎ 掌控个人职业生涯的发展轨迹。

◎ 主动出击，为职业生涯把握正确的方向。

◎ 了解价值是如何创造出来的。

关键思维

我认为，一个人的不幸，大部分是因为错估事物的价值所造成的。

——富兰克林，美国开国元勋

职业生涯和人生其他重要活动一样，都被一些细微但普遍存在的力量所左右，因而明显地影响自己在人力市场上的价值。一旦真正了解这些力量，将来势必大放异彩。如果轻慢忽视，失败自不待言。出类拔萃的专业人士了解潜在运作因素，因而懂得在专业生活的不同阶段使自己的市场价值最大化。

——詹姆斯·希特林 理查德·史密斯

二 乐于助人——帮助他人成功，他们也会回过头来帮你

跻身组织高层的人，其实不是独自一人爬上去的，而是被那些自己曾帮过且事业有成者推上去的。因此，有意问鼎高位的人，务必帮助同事、部属和上司卓尔不群、有所成就。

通过帮助身边的人取得成就而建立个人职业生涯，这个观点乍看上去似乎不合逻辑——坊间流行的管理理论都说，要跻身组织高位就必须表现得比别人好，还要用尽计谋、一路奋战，才能做到。事实上，表现卓越者总是会建立一支强大的团队，然后倚重团队成员的才华、能力与专长。

以下是 4 种不同类型的领导者：

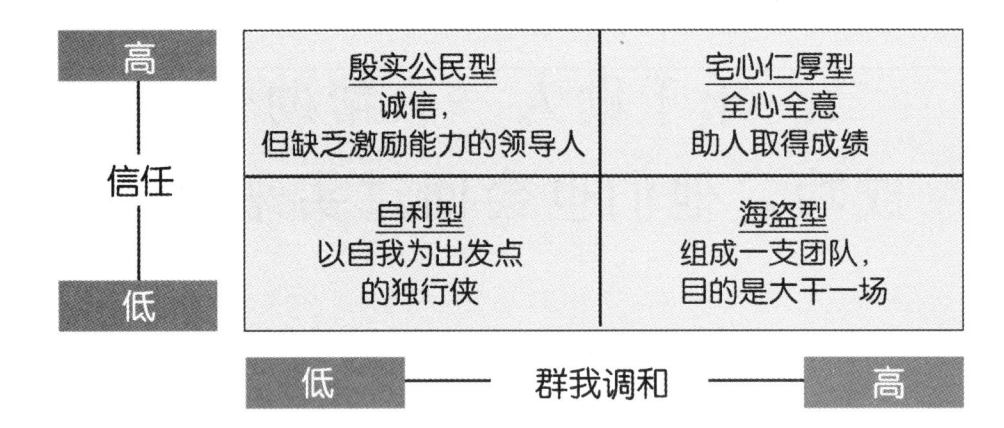

	低 ← 群我调和 → 高
信任 高	殷实公民型 诚信， 但缺乏激励能力的领导人	宅心仁厚型 全心全意 助人取得成绩
信任 低	自利型 以自我为出发点 的独行侠	海盗型 组成一支团队， 目的是大干一场

（1）海盗型——这类企业领导者虽然不是特别受人钦佩，但能以优渥奖赏拉拢表现优异者组成团队。海盗型领导者必须是卓越的战略思想家或交易能手，才能有长期的成功。

（2）自利型——这是"一将功成万骨枯"，为求一己成功而不顾其他的领导类型。自利型领导者鼓励内部竞争，从而淘汰组织的残兵败将。因为这种领导者抱着尽可能大捞、尽可能早走人的心态，所以大多好景不长。

（3）殷实公民型——这类领导者心地良善，但遇事踌躇不决、举棋不定。有些部属出于个人忠诚而不忍离去，表现突出者则觉得非走不可而另觅他处。长期而言，殷实公民型领导者难以创建活力十足、往前冲刺的组织。

（4）宅心仁厚型——这类领导者视团队的成功为首要目标，设定的目标绝不含糊笼统，也懂得授予员工重责大任；会开诚布公和部属沟通，并诚信待之。宅心仁厚型领导者能吸引一批能力出众、头角峥嵘的员工众星拱月。长期来说，宅心仁厚型领导者能创造一种良性循环：优秀的部属产生优秀成果，进而吸引渴望加入赢家团队的出色人才。宅心仁厚型领导者是以组织成员在公司内外的成功，来衡量他个人的成功。

经营个人职业生涯时，得先认清自己是在哪种领导人手下工作，然后调整适应。因为个人所效力的领导人类型，会影响你的升迁机会。理想状态是，你要为宅心仁厚型领导人效力，这样才有最大的成长机会。

在稍后的职业生涯中，你必须决定自己想成为哪个类型的领导者。要是能根据宅心仁厚型领导人的特质培养自己的领导风格，会让自己居于有利位置。原因如下：

◎非常有可能吸引到一流人才，并能激励他们表现卓越。这表示可在身边建立起一支强大的管理团队。

◎把工作做对远远大过个人面子和个人利益。从实务层面来说，宅心仁厚型领导者会花比较多的时间思考"我们需要做些什么才能成功"，而非"这对我有什么好处"。

◎全心信赖部属。宅心仁厚型领导者不会事必躬亲，反而只是提供资讯、把权力责任下放，让别人依照适合自己的方式完成任务。同样，这么做可以创造引人入胜的环境，其他人也会有正面回应。宅心仁厚型领导者的领导方式是领导、跟随，最后放手让部属单飞。

总之，如果能创造人们梦寐以求的工作环境，成功几率一定大大提高。为了让自己占据有利地位，并于来日大展宏图，就必须助人有所成就，不管他们是部属、同事还是上司，都一视同仁。

关键思维

　　有过就往自己身上揽，有功便往外推，设定远大的目标，放手让部属实现这些目标，并负起责任，有意见直接表达，并亲自辅导部属。这么做的回报是：团队一天比一天好，成员绩效持续提升。长期下来，你会培养出一支军队般的专业队伍，并愿意跟随你不懈奋战。如能遵循宅心仁厚型领导者的行为模式，将可望与其他人一起走在功成名就的康庄大道上。

　　——詹姆斯·希特林　理查德·史密斯

三 找到合理务实的方法，克服"许可矛盾"

商场上一个有名的矛盾（左右为难的困境）是：缺少经验，就得不到想要的工作，但没工作，又怎能累积经验？这就是"许可矛盾"。成功的高层主管会主动找方法，撷取出人头地所需的重要经验。方法通常是见人所未见，掌握别人完全错失的机会。

"许可矛盾"可能让你在努力推动职业生涯时一筹莫展，是必须克服的一大障碍。克服这项障碍的第一步是停下脚步并问问自己："组织最大的问题在哪儿？"不管问题在哪儿，都是让自己取得许可，把职业生涯推向下一个层次的大好机会。要是奉命处理组织中某个问题，并能彻底解决问题，肯定会让你崭露头角，摇身一变成为新秀，也会提高你在高层管理人中的知名度。

务必谨记在心，组织内部的许可分为下列两大类：

◎明示——工作说明书指明和授权能做的特定之事。

◎默许——自行去做某些事，直到有人明确表示你不能那样做。

成功的高层主管擅长发挥创意，运用默许方式慢慢壮大自己，进而在组织中扮演新的角色；接着期望将来某个时点，那种默许会变得更为明白、直接。通常这需要运用技巧、长袖善舞，因为如果做得太过火，会被贴上妄自尊大、无法无天的标签，认为你将个人利益置于组织利益之上。要在明示与默许这两种许可间取得适度平衡，得靠职业敏感度及百折不挠的精神。

对努力建立职业生涯的人来说，有下列8项策略可用以冲抵"许可矛盾"的陷阱：

（1）直截了当法——要求主管准许你扩大角色，接受新责任。如果主管拒绝你的请求，不妨这么问："我需要什么经验，职业生涯才能往前推进？"直截了当法的唯一缺点是不能再借默许之便，因为边界已经划得很清楚。对默许来说，边界模糊点比较好。事后请求原谅比一开始就请求准许可以做要好。

（2）展现化零为整的能力——大部分组织都希望找到有完整经历的人去做某件事。如果你能把某个新角色细分成几部分，并拿出自己过去处理各部分的良好记录，组织就可据此合理推测你有能力担任新角色。

（3）一张白纸法——当你加入新部门或新公司时，过去的认知就没有太大价值。这时就有机会请求准许你做比以前职位更多的事。这种从头来过的方法，可以改变人们因你年轻缺乏经验而对你的能力持有某些看法的状况，进而摆脱被施加一些限制。好好利用这个大好机会，发展能力并有出色表现。

（4）取得更多证书——取得相关正式资格，

可以得到更多的许可。所谓相关正式资格，可能是硕士或博士学位、业界的检定证明，甚至是参加高层主管教育训练课程，视个人从事的行业而定。证书和许可之间可能关系十分密切，也可能没关联，但证书至少应该能扩大默许的范围。

（5）和守门人交换条件——"鱼帮水，水帮鱼"在企业界可说是司空见惯。要做的是，确认谁控制你所需的许可，然后提供一些有价值的东西作为交换以取得许可。不管是明示还是默许，这招都管用。

（6）充当领导人——这是风险很高的许可取得策略。首先，观察哪个部门处于群龙无首的状态，并显然需要有人站出来当领军者。接着，你的言行举止要像个领导者，期望管理层发现你做得有声有色，终有一天正式任命你为部门领导者。当某个职位出现空缺，需要一段时间才会指派新人时，就会出现这种状况。如果你义不容辞，开始帮忙解决问题，管理层迟早会发现。顺水推舟任命你，比找个还得从头熟悉状况的外人要好。但这个策略的风险是，其他同事可能拒绝合作，或是你可能在默许之下做得太过火。

（7）尝试教学相长——向主管请教如何才能取得他们今天的成就，请他们提供建议和忠告，指导你在职业生涯中更上层楼。试着请他们当良师益友，为你指点有哪些再往上擢升的机会。你也要帮助他们研究不太熟悉的领域，让这些主管觉得提携你是值得的。帮助主管表现得更为出色，他们在感激之余，通常也会对你有所回报。

（8）挟势弄权——杰出的高层主管当然不屑做这种事，但也有不少人是靠玩弄权术升迁的。这项策略的最大缺点是，纵使一人得道，鸡犬升天，但等到人事更迭，也容易树倒猢狲散。虽然一时有所得，但难以长久。

关键思维

"许可矛盾"这重障碍不易克服,让人一筹莫展,且往往成了"自我应验的预言"(注:自我应验的预言,也称皮格马利翁效应,是指预期或期望的高低、好坏会影响结局)。成功的高层主管在个人职业生涯中,总能掌握并善用最要紧的机会。这是他们的与众不同之处。这些功成名就者晓得,个中秘诀在于设法取得出人头地所需的经验。有时,这些经验千载难逢、攸关职业生涯成败,但更多时候,是靠点滴累积的具体事件把职业生涯推往另一个更高的层次。虽然如此,超群出众的职业生涯和庸庸碌碌的职业生涯相比,显著差别在于有没有能力获取极其要紧的经验。成功的高层主管总能破门而入,掌控个人经验,进而掌控自己的职业生涯。

——詹姆斯·希特林　理查德·史密斯

四 不只做好分内工作，更要有出人意表的突破

职业生涯叫人刮目相看的人，会把自己的工作做得非常好，同时并不仅仅满足于此。这些人会远远超越预定的目标，提出突破性观念，为组织带来出乎意料的利益，因此显得卓尔不群。

打造个人职业生涯时，从事任何活动产生冲击的"质"，往往比"量"更重要。换个方式来看，许多工作都遵循80/20法则，也就是说，80％的成果是来自20％的努力。在商界，你所做的事，80％和其他人所做的没有什么不同；只有那最后的20％，才有机会让自己脱颖而出。成功的职业生涯创建者，能让那20％的成果留在重要人物的脑海最深处。

一般员工只会把心思放在超越规定的配额上，如果有多余时间，就做更多相同的事。相形

之下，在完成基本的工作要求后，矫矫不群的高层主管会利用多余时间思考新点子，为公司增添价值。他们不只做好公司交代的事，还会动脑筋思考，只要一点点好运气，除了分内工作外，也有可能立下汗马功劳。想要引人注意，这是个不错的方法。

那么，该如何实际操作？其实只需下列三项极其简单的步骤：

举枪　→　瞄准　→　射击

举枪

在着手进行不同凡响的事之前，必先审时度势，准确了解组织真正能创造的价值是什么。在工作上你也会变得更有效率，如此才有时间专心多做些额外业务，让自己与众不同。

如果能把自己所做的事，和能为组织创造价值的事直接挂钩，就有脱颖而出的机会。举例来说，如果你是会计，也许可以发展一套得以迅速衡量营销活动成败，让公司更准确地决定如何调整的机制。把所做的事和公司创造价值的方式直接挂钩是很重要的，因为你把自己的努力和组织的成败紧紧绑在一起。

你也要审慎思考，公司的企业文化如何衡量员工的优异表现。慎思之后，所做的每件事才会恰如其分。接下来，必须设法释出充分资源（尤其是时间），才有办法在预定的目标外交付更多成果。这往往需要重新调整工作的优先顺序。评估哪些工作项目产生的作用最大，将其列为优先事项。更换工作清单中作用不大的项目，换上新的工作项目，这些项目必须对自己的未来成就有所助益。只要新的活动能创造价值，相信主管不会有异议。

瞄准

你的目标是提出突破性的想法。如何做到？以下为几种方法可供参考：

◎研究行业本身的潜在力量，并且看看稍加调整标准业务作业后，能否为顾客创造更多价值。

◎观察业务工作的周边活动。能提高可见度的活动，不妨经常去做。

◎冒点风险。对新构想进行小规模的市场测试。提出具有创意的概念和构想，并看看在市场上会有何表现。

射击

和主管坐下来谈谈，讨论你为什么想稍微调整工作内容。有条不紊地解释，调整工作内容可以为组织整体增加哪些效益。如果能把调整工作优先顺序的理由讲得头头是道，主管应该会欣然接受。

如能聪明运用80/20法则，就可以把职业生涯往前推进。想想如何利用释出的20%时间，要专心用在有附加价值的新计划上，这事做起来不容易，潜在效益却不可限量。如果再结合克服"许可矛盾"的策略，就能从一个组织跳到另一个组织，或者在公司内步步高升。

有些时候，从业务岗位改任一般管理职务，

是一项很大的挑战。若能善用 80/20 法则，有些事情做来即事半功倍。现在就开始运用那可用的 20% 时间，让自己的思考和举止都像个经理人。帮助组织的营销和产品开发部门了解市场信息，把市场敏感度注入组织更多的活动中，营业额和盈余应该都能大幅提升。

关键思维

今天的职场，不只要求你注意重要的事情，更要注意十分重要的事情。

——柯维，《与成功有约》作者

这种形态的功成名就，美妙之处在于自己拥有很大的控制力。关键是善用判断力，决定哪些任务是重要、即时、适当的，并争取管理层和其他人的接纳，愿意投资在个人的成功上。如果能在分内工作外完成极其重要的任务，会使自己显得非同一般。

——詹姆斯·希特林　理查德·史密斯

五　找个愉快胜任的工作
——在职位上发挥个人长处和热情

职业生涯出众的人，总能放长眼光作决定，懂得择良木而栖，自然能选到可以发挥天生优势与个人热情的职位。这当然也包括与喜欢、尊重的人共事。

如果你所建立的职业生涯，能够发挥个人热情和长处，也非常适合自己的个性，则会大大提升成功几率。这事其理至明，却极少人能做得到，因为方法不对。明确地说，如果你用的是"职业生涯拉拔法"，而非常见的"职业生涯推促法"，那么找到愉快胜任工作的机会将大大增加。以下是这两种方法的涵义和区别：

"职业生涯推促法"是指，试着一步步往事业的更高位置攀登。依循业内传统的职业生涯路径，从助理升到经理，再升到副总裁和总裁等。

"职业生涯拉拔法"是指根据自己的经验，选择能乐在其中且心之所向的各项职务。这个方法没有时间表，每个人的路径也不同，因为所选的路径取决于各自的不同偏好。

许多高层主管陷入"职业生涯推促法"而无法自拔，不曾找时间仔细思量所攀爬的阶梯是否通到向往之处。晋升层级的诱惑很强，许多人甚至沉迷其中。"职业生涯拉拔法"比这种方法好很多，因其背后的驱动力是个人的满足感，而非他人的赞美。此法虽然速度平缓，最后却能为个人职业生涯带来下列好处：

◎工作满足感——让自己觉得有所贡献。

◎想要的生活方式。

◎合适的薪酬。

要找到愉快胜任的工作并非易事。下列四种策略对此会有所帮助：

（1）"微观管理"个人职业生涯——专心追求个人长期职业生涯目标，而非只是一时的权宜之计。成功的职业生涯建立者眼光远大，不满足于庸庸碌碌的工作。凡是能够让他们迈往远大目标的机会，都会善加掌握利用。"微观管理"职业生涯时，总是思考接下来好几步要怎么走。

（2）创造多重选择的职业生涯——因为可选的职业生涯愈多、愈具吸引力，就愈容易继续专心去做愉快胜任的事。职业生涯越成功，可用的选择就越多。职业生涯选择多是件好事，原因如下：

◎确认自己是有市场的。

◎可让自己选择非传统性的职业生涯路径。

◎提供弹性。

◎想到有那么多的选择，心情无比愉快。

根据一般经验，时时保持职业生涯的选择数量增加，而不是萎缩，才是明智之举。接受教育是件好事，原因是这么做能扩增个人职业生涯选项。

（3）注意"职业生涯火光"——显示自己洋

溢热情或有展现能力的亮光。如果别人经常赞美你对工作充满热情，这就是一道职业生涯火光。根据这些线索，好好思考一番。有些时候，别人比你更清楚你对什么事情感到兴致盎然，所以不妨多加留意。

（4）和意气相投的人共事——也就是和自己喜欢且尊敬的人一起工作。找到合得来的人之后，交朋友就很容易，因为每个人都和你一样充满热忱。因此，在考虑踏进某家新公司前，不妨先分析观察，看看自己能否融入其中。这件事很重要。

总之，寻找愉快胜任的工作，等于是在管理个人机会，必须做出正确选择。职业生涯出类拔萃者，绝不会忘了成功的真正内涵。所谓成功，绝对不光是赚很多钱，或享受成功的其他表象，更不是两眼盯着时钟，盘算还有多久才能下班回家，而是每天早上都满心欢喜，为了实现目标而去工作。

关键思维

失败固然苦涩，成功却危险得多。如果在错误的事上获得成功，名利和机会将成为永远的枷锁。

——布朗森，《晚班裸男》作者

太多人只顾争强好胜，忽略了成功的真正内涵。这里有个陷阱，那就是成功的表象来袭时，你可能猝不及防。不用太久，你也会幡然醒悟，发现自己只是把工作视为挣钱的工具，却很难对其付出感情。工作变得单调乏味，日子过得沉闷无趣，热情消逝。但是有种方法能让生活过得充实又满足，那就是把自己最深沉的渴望和最拿手的技能融合在一起，做你真正想做的事，就可以发挥无限潜能，这就是其中关键。着手去做能深深感动自己的工作，近乎神奇的事就会发生，你将因此跨步向前，对社会做出惊人和重大的贡献。

——詹姆斯·希特林　理查德·史密斯

热爱和技能同存时，杰作便将诞生。

　　——拉斯金，英国艺术家、作家

真正的成功和满足，终究是需要每个人自己定义目标，这也必须和自己的渴望和价值观相一致。我们深信，运用上述所说的四种成功形态，能帮助自己提升市场身价。但真正重要的是，如何运用及如何把累积的职业生涯资本拿去投资？确认自己的优势、兴趣和文化的融合度，职业生涯就会更快乐、更成功。说起来多么简单！但把这种形态化为行动，面对的挑战要艰巨得多。

　　——詹姆斯·希特林　理查德·史密斯

大师观点

组织如何实践5项行动方针

卓越非凡的组织不只是头角峥嵘的个人的集合体，更是这些人的创造者。组织如果想要出类拔萃，必须尽可能吸纳最优秀的人才，然后创造一个生态体系，让这些人茁壮成长，更上层楼。

组织如想大放异彩，就必须吸引、留住和激励一流的人才。在实务上要做到这点，组织必须先做好下列三件事：

1. 创造成功的企业文化

当每个人都承认个人职业生涯的成功终将有利于整个组织时，就能产生这种文化。因此，组织应该为每位员工提供必要的工具、资源、资讯和工作环境，推进员工的个人职业生涯发展。在这种工作氛围中，员工勇于采取行动，整个组织因而受益匪浅。

有太多的公司，虽然员工个人成绩显著，但并不是因为组织提供了协助。原因可能出在管理风格过于僵化，或个人与组织目标不一致。

要创建成功的企业文化，组织必须教导员工学习功成名就的5项行动方针，并提倡员工在合适的时机身体力行。当每个人的职业生涯都达到最适当的状态时，组织的正确方向和良好氛围自然水到渠成，不必管理层多费心。如此也能为公司带来竞争优势，其他同业很难仿效。

2. 准确考核，奖励优异的表现

出色的组织会始终如一地精准考核员工绩效，认可优秀员工的表现，并经常给予适当奖励。通常可以运用下列四种优劣互见的方法：

（1）建立同心协力的环境，薪酬按照预定的公式分配给所有的团队成员。这种方法可以减少人员流动，但是无法表扬和奖励表现优异的个别员工。

（2）迅速轮调高层主管，目的是让表现优异的人留在薪酬较高的位置上。这种方法的主要问题是，如果高层主管的职务变动太快，就很难准确评量他们的真正贡献。此外，这种方法往往以自我为中心，忽视顾客的需求。

（3）采取非常刻板的薪级结构。从组织一体适用的角度来说，这倒是件好事。缺点却是不能吸引和留住优秀人才。齐头式的游戏场，雇不到也留不住杰出的人才。

（4）以非常优越的奖励措施，鼓励表现优异的员工，借以维系他们的斗志和冲劲。可以把它想成是一种精英主义。只有在考评制度健全且始终如一的情况下，才行得通。

3. 定期填补管理人员缺口，以求在市场上成功

所谓填补缺口，是指在实际需要之前，定期补充或提拔十分重要的管理人员。为了做到这一点，组织必须设立始终如一且健全的评量考核流程。除非能够衡量主要职位的现有技能水准，否

则不能期望领导人迅速批准招募新人。

优良的组织考核流程有助于填补人力缺口，它具有三大特色：

（1）高度的时间敏感性——可让领导人提前分析和预估管理人力需求，而不是等到迫切需要之后才有所反应。

（2）准确度够高，能够提供有价值的资讯，而不是只提出模棱两可的想法。

（3）客观性够高，使用前后一致的标杆，而非时常改变标准。

整体而言，超群出众的组织不会让机运去决定某些事情。它们设立一些制度，培养现有的员工成为表现优异的专业人员，并以明确的方式认可和奖励表现优异的人员。出色的组织因为不断提高标准，所以表现优于同业，也致力于持续培养一代又一代的实力型企业领导人，有能力满怀信心地带领组织走向未来。

关键思维

公司如想超群出众，必须设法招揽最优秀的人才补齐人力，提供知识给专业人员，并且允许他们掌控个人职业生涯；必须创造一种成功的文化，同时依据赋能、主动积极的行为和人品操守等原则，建立坚实的价值体系。如能重新思考吸收、甄选、培训、考核和奖励员工的核心方法，企业会受益于个别员工的成功，跃升为超群出众的组织。

——詹姆斯·希特林　理查德·史密斯

有一种东西非常稀少，到目前为止细微难察，比能力还少见。这就是识才之能。

——哈伯德，美国作家

吸收、留住、培养非常优秀的人才，是各个组织今天面对的最严峻挑战之一。

——詹姆斯·希特林　理查德·史密斯

这5项行动方针所依赖的支柱，必须存在于组织中，组织才能保持竞争力和自行持续发展。

你的未来可以预见

这些支柱就是信任、创造力、同心协力、以顾客为尊、自我实现。从这些特质着手，组织迈向成功就会容易得多。

——詹姆斯·希特林　理查德·史密斯

个人如何运用5项行动方针

要在职业生涯中实践这5项行动方针，你别奢望立竿见影，应该专心致志地为自己和组织创造价值。长期下来，点点滴滴的努力就会成为功成名就的基石。

在开始实践5项行动方针时，需要对所谓的"分离式冲击"有所准备，也就是种善因不一定马上得善果。有些时候，正确行动后，需要等上一段时间，结果才会浮现出来。如果眼巴巴盼望着马上看到结果，但结果却没出现，你可能会认为这些行动徒劳无功。你要相信，经过一段时间，正确行动总会产生正确的结果。在采取行动实行这5项方针后，也许不会立即见效，但肯定会有长期成果的。

根据这5项方针衡量职业生涯成败时，需要

一张新的记分卡。这张记分卡必须能反映正面的行动产生的长期冲击，而不是短期影响。明确地说，个人职业生涯记分卡，必须能衡量和追踪自己在下列5项因素中所采取的行动和获得的经验：

（1）是否了解职场价值是如何创造出来的？每天做了哪些能把这方面的知识化为行动的事情？

（2）花了多少心力，协助别人发展他们的职业生涯，进而建立一支核心团队，并且成员们也热切期盼你能成功？

（3）克服"许可矛盾"时，采取了哪些策略和行动？做了哪些事去扩展许可的数量，并且借此建立个人职业生涯？

（4）在把分内工作做好的基础上，还提出了哪些能为组织增添出乎意料价值的突破性构想？

（5）日常作决策时，是不是总把长期目标放在心里，而不是被一时兴起的念头所左右？

成功地建立超群出众的职业生涯，有时是个微妙且难以捉摸的过程。始料未及的事情可能出现，而且和自己采取的行动似乎风马牛不相及。职业生涯之初打下的基础和建立的关系，可能很久以后才会开花结果。说来矛盾，长期的职业生涯在短期内是无法控制的。切勿在每次职业生涯转折的时候都想有所掌控，应该以我们所说的5项行动方针和长期眼光去管理个人职业生涯。你必须相信，职业生涯初期，一个小小的正面行动会与时俱进地产生强大冲击力。

关键思维

这5项行动方针不是一套过分简化的公式，而是从复杂的职业生涯中取其精要化成的一套通则。许多人十分渴望能有一套简单法则，比方说，告诉人们做好这十件事，避开那五件事，来应付复杂的职场生涯。问题是，经营职业生涯需要当机立断，必须在缺乏事实资料的情形下，作出重大决策，因此，像食谱般照本宣科的规则根本行不通。任何复杂的系统，通常都有少数因素左右绝大多数的系统行为。所以在职业生涯这类非常复杂的情况中，总是没有简单且理性的答案能导出最正面的结果，但某些形态和长期成功有十分强烈的相关性。许多人相信成功不是个人能控制的。不过，长期而言，由成功形态引领的职业生涯，是可以理解、预测与管理的。所以我们的目标是回答以下两个问题，"不同凡响的职业生涯到底是怎么做到的？""可以采取哪些想法和行动，创造出非同小可、功成名就的职业生涯？"

——詹姆斯·希特林　理查德·史密斯

专家解读

登峰造极之人必有登峰造极之术

文/杨基宽

Spencer Stuart 是国际知名猎头公司。《职场卓越的 5 项特质》作者通过大型调查与公司累积的高层人力资料库，采用交叉比对与验证，找出晋升为高级经理人的 5 项特质。这 5 项特质或行动方针对各公司寻找高层经理人是相当有帮助的，况且就连雅虎与时代华纳也是请 Spencer Stuart 代为寻找 CEO。

"以人为重"是高层主管的重要特质

最近 104 人力银行计划要把几个部门独立出去，因此需要聘任一些高层主管，猎头公司请我开出需求条件。能力、经验这些可量化的部分很容易列出来，真正困难的是"个性条件"——究竟一个高层主管、领导者需要具有怎样的人格条件呢？最后，我只写下"以人为重"四个字。根据多年的经验，在选择高层主管时，"以人为重"是我最看重的特质，这与作者说的"宅心仁厚型领导者"相近，不过，范围还要大些。

管理大师彼得·德鲁克也说过，一个人，尤其是领导人，要为整个机构的人考虑，而不只是想到自己。然而，"以人为重"其实违反了高层主管的人性逻辑，毕竟人都有自私的基因，大部分主管更因权力、资源在握而很难做到。这不但要知道"自己要什么"，也要知道"别人要什么"，只有如此，才能真正做到尊重别人。不少高层主管对客户毕恭毕敬，深恐得罪，更以"服务"的心态待之；可是，当在公司面对下属时，就变成另一个人，颐指气使，官气十足，完全不在意、也不清楚部属要什么。我常想，为什么同一个人却会有两种极端不同表现？因为这类型高层主管自认是在"做官"。这样就会对组织造成巨大的破坏，原因是：

（1）使员工失去向心力，对公司没好感。

（2）员工除了得不到成就感以外，还会担心在这样的主管手下做事，恐怕没什么出头的机会，因而选择离开。不好的主管让人才流失，对公司影响很大。

高层主管应该要更无我，更能为大局着想，更能照顾别人的需求。老实说，这可不是件容易的事，因此我并不赞成把"当上高层主管"作为职场生涯目标，而应视为人生的一种历练、一件水到渠成的事。好的高层主管难找，是因为"以人为重"真的不容易。

好的高层主管应有五种不同特质

根据经验，我认为好的高层主管应该具有下列五种不同特质：

（1）懂得坚持，才能够坚硬。

坚硬是一种见地，却需要通过成熟的方式呈现出来。不久前，我接到一位自称是我学弟的人的电话，他是美国麻省大学电脑硕士，今年41岁。说起来，学历相当不错，却已经失业14个月了。这段期间，他一共投了 10 次履历表，2 次是主动投出，其他 8 次则是猎头公司介绍。我认为，一个失业这么久的人，投递履历表的态度实在不够积极！

就算履历表投得不够多，但学历还算不错，怎会落到连一次面试的机会都没有？我发现，问题出在履历上。这位学弟的履历表上洋洋洒洒写了一长串工作经验，但在每家公司都没待到两年，在老板看来，代表这个人很可能是那种一碰到困难、状况就跑路的人。基本上，高层主管的任务没有一件是简单的，总是充满挑战，因此组织期望找到一个够耐烦、够坚硬、有能力处理问题的人。毕竟高层领导者的履历价值不在于花哨，而是在某个产业耕耘的深度。

因此，如果有两个高层主管候选人的履历摆在我面前，一份履历表洋洋洒洒，另一份很简单，我想我可能会选后者，因为我会觉得他是个比较具有坚持力的。在职场生涯中，懂得坚持下去的人，一定找得到克服困难的办法。

（2）冷静，才能看到事实。

很多做了主管的人，就忍不住要享受"权力的滋味"，往往在作决策时失之冷静，权威感跑出来，不假思索立即反应，这样就会作出错误决定。事情有"轻重"与"是非"两个层面，主管应该明辨何时该重是非，何时又该看轻重。

有个历史故事是最佳案例。战国时代，楚庄王宴请朝中百官，请后宫嫔妃歌舞助兴，突然刮起一阵大风把所有的灯火吹熄，黑暗中有嫔妃气愤地告诉楚庄王："有人轻薄于我。"楚庄王且先按捺住，又听得嫔妃说，没关系，虽然刚才情况慌乱，看不清是谁做的，但她趁势把那名男子的帽缨摘下，"待会灯火再亮时，大王只要看谁的帽缨不见了，就知道是谁那么大胆！"楚庄王当即宣布，为了让今日宴会尽兴，群臣且都把帽缨摘下，图个痛快。灯亮之后，宴乐之地并没有变成审讯犯人的刑场，除了当事者，没有人知道发生了什么事。没过多久，战事发生，一位武官出生入死保护楚庄王，他大感：“为什么你会对我如此忠诚、勇敢？”这位武官说是报答大王的不杀之恩——原来那夜里被嫔妃扯掉帽缨的人，正是这位武官。报恩，就是部属对主管的回报。在这件事上，楚庄王看的是轻重而不是是非。

因此，主管在还没确定真正原因前，不应草率作决定。可是，有不少主管常因权威感作祟，马上就扮演起审讯犯人的角色。高层主管喜欢迅速作出决定，因为可以展现决断力、权威、魄力等，然而，权威却会让人失去冷静，看不清楚事实，贸然作出错误决定。

话说回来，为什么主管会有那么高的"权威需求"？主要是因为放大的"自我"，管的人愈多、职位愈高，"自我"愈来愈大，权威感就愈来愈强。事实上，越是高层主管，"自我"应该越小，因为要留给别人更多的空间。举例来说，刚创业时，公司只有我一个人，那时我的"自我"最大，只要顾念自己的想法就好。后来公司增加一名员工，我的"自我"就分出去一点，因为要把对方装进来……现在104人力银行有300名员工，我的"自我"大概只剩下3%了。高层经理人要让部属、员工在自己的心中有分量，"自我"就不能太大，如此才能随时保持冷静，看清事实，作出正确的决定。

（3）柔软的极限才是硬。

最好的例子就是战国时代赵国宰相蔺相如与大将军廉颇的故事，因为蔺相如成功地从秦王手上取回和氏璧，立下奇功，因此被赵王封为相，却惹恼了骁勇善战的廉颇。廉颇处处刁难蔺相如，蔺相如则处处礼让，从不与之正面冲突。结果蔺相如旗下多人挂冠求去，因为觉得自己的上司也太懦弱了，咽不下这口气。

蔺相如找了个机会对那些留下来的人说明缘由，因为秦国早就对赵国虎视眈眈，但忌惮赵国有他和廉颇这一文一武镇守着，所以不敢轻举妄动。要是秦国发现蔺相如和廉颇不和，一定会攻打赵国，如果赵国输了，国家都没了，争这口气又有什么意义呢？廉颇后来得知蔺相如的这番话，才知道自己的行为实在很幼稚，也差点坏了大事，因此向蔺相如负荆请罪。

有很多主管常常不愿受半点委屈，不愿一时片刻背黑锅，什么事都得立刻争个黑白分明，以为这就是气魄、气概。其实，能放下身段、柔软的主管才真正具有强大的力量。

（4）主管应该把时间花在"找人"。

很多公司都相信，只要建立了好制度，就可以高枕无忧地运作下去，然而事实证明似乎并非如此。制度还是要靠人去执行，再好的制度都可以找出漏洞，也总会有人犯规。因此，我认为高层主管最重要的工作应该是为组织寻找最好的人。

很多管理者把90％的精力放在管理上，只用剩下的10％找人、训练员工。正因为没有花时间好好找人，招进来不对、不合适的人，然后又要投入大量资源监控，再设计一大堆制度管理员工，这根本就是本末倒置。我认为领导型主管合理的时间管理模型应该和上述情况相反，应该是花更多的时间找人，花更少时间管理。一如《从A到A$^+$》作者柯林斯强调："先找对的人，自然就会做出对的事。"

（5）"员工身，老板心"是晋升主管必经之路。

永远懂得学习比自己职务更高一层的战略思维。以我自己为例，为什么我今天有能力、有条件带领300位员工？因为我比104人力银行所有员工都拥有更长的"员工资历"。做员工时，我就一直训练自己尝试以老板的观点和角度思考问题，这是一个非常重要的历程。

举例来说，当公司发年终奖金时，看到别人拿到三个月，自己却只拿到1.5个月，一般人的反应是立刻发飙，气得要找老板理论或是马上辞职。但是一个有"员工身，老板心"的人就不会这么做，他会想，老板为什么这么做？是因为自己工作不力，还是公司有什么其他考量？同时，他也会设身处地想，如果自己是老板，要怎么做才能让领1.5个月年终奖金的员工，对这项决定感到心悦诚服？

做员工或下属的时候，应该要这样持续锻炼自己，让自己的思维与老板相近，甚至超越老板的决策情境。长久下去，过了十几、二十年，成为领导者、老板自然是顺理成章的事，"主管"只是这其中的过程罢了。

再跟读者分享一个实例，我曾在一家电脑公司工作，有天老板说要派人去英国清算那里的业务，负责处理库存、遣散员工等工作，但老板派不出人，因为没人想做这个活儿。我一看机不可失，赶快举手表示自愿前去，大家都以为我吃错了药。其实我的想法是：第一，我当时从未有和外国人打交道的经验；第二，更没有"砍掉"老外的经验，因此想借此机会接触这样的工作；第三，想了解英国劳工的相关法律，也想知道英国律师是怎么做事的。去趟英国，可以让我免费学到这么多，简直是天上掉下来的好事，当然要自告奋勇。我到了英国才发现，其实英国分公司的员工还不错，库存也有一定的价值，如果轻易就把公司关张，实在可惜。所以就跟老板谈条件，如果可以让分公司转亏为盈的话，老板是不是可以收回成命，不要关掉英国的分公司。老板一口答应，后来，这家分公司也起死回生。

我当时的做法就是超过了老板的要求，也就是书中所说，"不要只做分内的事，要有更出人意表的突出表现"。经常这样练习就能提高自己的能力、格局与信心。

最后要提的是，当主管在许多方面是需要自我压抑的，因此也要不时地给他们以关怀，了解他们自我压抑的原因，协助释放压力，并给予他们一个更大的展示空间，这样才能留住好的高层管理人才。

你的未来可以预见

总而言之，说到最后，最重要的还是"以人为重"这个观念。

杨基宽，台湾104人力银行创办人，目前担任总经理一职。曾任台湾佳佳科技公司业务经理、精元电脑公司副总经理。

效率百分百

提高个人生产力的 52 个原则

Ready for Anything

52 Productivity Principles for Work & Life

原著作者简介

大卫·艾伦（David Allen），曾任管理顾问、高级经理人辅导师、培训师。他创办自己的顾问公司并担任总裁，经营20年来，曾与多家财富500强企业及政府机构合作。艾伦为《生产力要点》撰写商务通讯，并著有《搞定！——2分钟轻松管理工作与生活》。

本文编译：张定绮

主要内容

5分钟摘要	效率百分百,工作人生两得意/163
轻松读大师	一　有始有终/165
	二　把握重点/175
	三　确立架构/186
	四　积极行动/195
专家解读	按个性找方法,效率才能百分百/204

促进生产力的 52 个原则

有始有终
1. 开始新计划前，先结束手头的计划
2. 养成把每件事写下来的习惯
3. 追踪记录自己的承诺，以便做更好的抉择
4. 要达成目标，必须先看清当前的现实条件
5. 预期正面的结果，采取建设性的行动
6. 不要招揽互相冲突的工作
7. 写下所有未完计划的清单
8. 结束所有未了细节，以节省更多精力
9. 只是心里惦念不忘，事情是不会自动完成的
10. 想拥有创造性思维，你需要更多空间
11. 规划向外开展，而不是自我设限
12. 定期检讨自己行进的方向
13. 做工作的主人，而不是工作的奴隶
把握重点
14. 把焦点提升到更高层次，是厘清问题的最好方法
15. 要看出事情进行的模式，先预想结果
16. 做最重要的事，而非最容易的事
17. 精力总是跟着思想走
18. 思路愈清晰，表现就能愈好
19. 不论做什么，都要以做到最好为目标
20. 希望人生有不同的结果，就得先改变自己的重心
21. 训练自发性的思考
22. 想清楚自己必须取得什么成果
23. 信任自己的系统
24. 追求效率必先有明确的方向
25. 要进入状态，一次只做一件事
26. 目标真正的价值在于其造成的改变

确立架构	
27.	在一个领域站稳脚步，就能开启另一领域的创意思考
28.	生产力的形式与功能必须相互搭配
29.	发展一套自己可以信赖的提醒系统
30.	你的内部系统反应越灵敏越好
31.	一套系统的最大效益受限于其最弱的环节
32.	创造一个运作灵活的沉默系统
33.	永远维持每周一次的检讨会议
34.	界定在商业竞赛中获胜的意义
35.	每个人负责一项结果
36.	确立原则，而非策略
37.	思考工作内容，不要担心工作本身
38.	自己的思想远比想象的更有价值
39.	鸿沟越大，就越需要计划
积极行动	
40.	努力做好面对任何状况的准备
41.	过多掌控与过少掌控同样有害
42.	相信自己对于如何运用时间的直觉
43.	练习多层次自我管理
44.	想改善效率，就得减少压力、放轻松
45.	整合意外状况成为计划的一部分
46.	拉长长远展望的时间距离
47.	通过放慢速度来加快脚步
48.	计划不是一蹴而就，必须靠一步一步的行动达成
49.	小事一再重复，也能产生重大影响
50.	真正了解一件事，最好的方法就是实际动手做
51.	如果感到不知所措，就先取得掌控权
52.	伟大的成就，来自多数的失败经验

5分钟摘要

效率百分百，工作人生两得意

最大生产力，即尽可能使用最少的付出就能收到良好效果。因为很多事情未必如计划那般顺利进行，提高生产力往往就意味着必须更有弹性，以备万一出现阻碍时能有效应对。换言之，要着重效率，随时准备因应突发事故。这样，你才能无惧一切干扰、阻挠、障碍，保持领先并不断向目标迈进。

关键思维

把事情做好是一项崇高的艺术，如何把事情丢着不做，也是一种崇高的艺术。人生的智慧也包括删除非必要之事。

——林语堂

多数人会错过机会，因为机会身穿工人装，

❀ 你的未来可以预见

看起来就像需要费些劲儿的工作。

——爱迪生

为了能持续完成更多工作，应致力于以下改进生产力的四大要点：

促进生产力的四大要点	
❶ 有始有终	尝试任何新事物之前，应先结束手头工作，排除一切杂念。
❷ 把握重点	为提高效率，应抛开所有细枝末节，专心思考计划中真正重要的部分。
❸ 确立架构	建立有效的系统，帮助你追求想要达成的成就。
❹ 积极行动	别坐等所有条件都变得十全十美，要立刻采取行动，些许瑕疵可待日后改进。

一　有始有终

1. 开始新计划前，先结束手头的计划

想创造一项充满活力且条理分明的新计划，可通过下列步骤做好准备：

◎完成所有进行到一半的计划。

◎尽快处理手头的待办事项。

◎清理信件与电子邮件，不回复的就清除。

◎整理办公桌与办公室。

◎把累积一堆的必读资料读完。

把先前其他事项一一结束，才能让自己清晰地思考新计划。充分准备能为自己的创造力加分，带来成就感。这在新计划开始时是非常重要的。

你也该为自己配备一个能掌握新点子的工具。这个工具必须可以随身携带，一有新点子就随时记录下来。你可以依照自己的需求挑选小记事本、小卡片、迷你录音机等，只要适合、管用就好。

2. 养成把每件事写下来的习惯

许多人都存在思绪零乱。为避免这种现象，要设计一个"观念临时仓库"。也就是说，你要写下所有突如其来的念头和想法，不论这念头、想法是否重要。这样你才能稍后从"仓库"里把这些想法"取"出来，理性评估，然后决定优先顺序。如果你试图只靠模糊回忆做这件事，结果只会制造混乱。想要抓住这些一闪而过的想法，就得换种方法：写下这些想法，然后深入思考，再决定哪些可以实践，哪些不可行。

3. 追踪记录自己的承诺，以便做更好的抉择

除非清楚了解自己已经答应了哪些事，否则绝无可能再承担新的工作。有计划而自觉地追踪

目前谈定的工作，也会帮助你在承诺他人时有所选择，且更审慎。

你的目标应该是在控制与限制之间达成正确的平衡。换言之，你必须能专心投入重要的工作，无须让自己陷入重重关卡，乃至思维窒息。要做到这点，方法是建立若干简单的常规模式，安排好生活与工作中各项重要事务。有了一套完善的常规模式，你就会以高度的自觉与专注来处理重要事项。

4. 要达成目标，必须先看清当前的现实条件

在安排未来事项的优先顺序之前，应该先列出目前工作情况的清单。首先你要回答下列六个关键问题：

◎目前有哪些日常工作？

◎现在正在进行哪些项目？

◎目前责任范畴是什么？

◎预期未来一年会发生什么变化？

◎未来数年可能变化的大方向是什么？

◎你认为什么是自己的生活目标？

一旦完整列出目前应做的工作清单，就能够更正确地评估自己可以投入多少时间与精力，好进行有助于达成目标的新计划。

5. 预期正面的结果，采取建设性的行动

希望这辈子更有成就，就应该做到下列几件事：

◎把事情记在纸上——如果光想靠脑袋记住每件事，一定会让自己头昏脑涨，糊里糊涂。

◎一有状况，立刻作决定——这些事情拖延不了多久，而且会变成棘手的问题。

◎建立一套提醒机制——这样才能循序渐进，完成计划，不致半途而废。

◎随时更新记录——这套纸上系统才不会过时失真，你也才能完全信任这套系统。如此便能培养敏锐的直觉，敦促自己做该做的事。

6. 不要招揽互相冲突的工作

不管事情大小、关乎工作或个人，你的心智会不断追踪跟进所有事项。手上同时有太多未完成的计划，会造成挫折与焦虑，妨碍建设性的行动。为避免这种状况的出现，一定要抽出时间与精力，在开始重要计划之前，清除所有"未了细节"。只要没有这类事情拖累，你就能更有效率地专心达成目标。

7. 写下所有未完计划的清单

千万不要尝试靠记忆追踪所有未完成的计划，这只会引发混乱与压力。应该要运用下列方法：

◎列出所有未完成计划的清单。

◎写下每一项计划的下一步行动。

◎定期更新清单，维持其时效性与可行性。

如果你完全没有按某一原定计划行事，也不用担心，因为那是你有意识的抉择，而非环境所致。一旦弄明白推动各项计划应采取的行动，你就可以提高实际工作效率。

8. 结束所有未了细节，以节省更多精力

能够完成愈多手上的计划，就愈觉得精力充沛。因此，尽量把工作的优先顺序排列出来，每天完成一些计划。完成待办工作后，心里会如释重负，感觉轻松，你甚至难以想象那种感觉有多好。

9. 只是心里惦念不忘，事情是不会自动完成的

一旦觉得有事在"烦"你，就代表你应该做做下面一些事情：

◎做些有助于推动计划的事。

◎决定下一步该采取什么行动。

◎安排可以在未来某个时刻提醒自己该采取行动的机制。

不要企图把所有对自己的承诺都装在脑子里，那只会导致思路混乱或压力骤增，两者都没

有好处。你反而应该养成把事情写下来的习惯，把心智的活力留给更重大、更好的事情。如果养成把所有计划都写在纸上的习惯，而不是只装在脑子里，你就可以把精力用在能创造最大效益的事情上。要睿智地选择自己该思考哪些问题，因为那会产生庞大的后续利益与优势。

10. 想拥有创造性思维，你需要更多空间

不要对别人或自己辩解说："要不是那么多责任缠身，我应该是很有创意的。"你必须有更多主控权。以下是拥有更多主控权的关键做法：

◎ 把每件事写下来。

◎ 多思考一些事，别等事到临头才伤脑筋。

◎ 决定所有计划应采取何种行动。

◎ 利用前后一致的外部系统管理所有计划。

摆脱记住每件事的压力，可以帮助你迅速提升自我评价，冲破阻碍，获得更大的成就。一旦开始后，唯一的问题就是如何持之以恒地操作这套系统。

11. 规划向外开展，而不是自我设限

凡是有利于个人或工作的做法表现，都值得你投入时间去努力为之。这也许是指提高价格，以便新客户出现时，你自然会流露出真诚的欢迎。如果不这么做的话，你会下意识地排斥新业务，这对工作毫无助益。

厘清思绪，简化你的作业系统，创造向外扩张的能力，努力发掘能为更多人提供比以前更佳服务的新点子。如此一来，你会迎接新的契机，而不是一味逃避。

12. 定期检讨自己行进的方向

不要老是想着自己该做些什么事，就能创造更多时间追求实际成就，定期通过下列重要事项检讨自己的方向：

◎每周检讨所有未完成的计划，为每项计划写下适当的下一步行动。

◎每个月或每两个月回顾自己的生活与工作，检查是否忽略了哪项计划。

◎每年岁末年初，都为来年希望自己达成的目标拟定相关计划。

◎每隔几年，与自己生命中最重要的几个人深刻讨论，一同思考人生方向和各自需要。

◎不时停下脚步，校正方向，并与自己的人生目标重新接轨。

13. 做工作的主人，而不是工作的奴隶

把所有待办事项确定分类，定期追踪，你就拥有足够自信，多想想自己真正该做什么事。换言之，列出行动清单是件非常有用的事，因为这张清单有助于提高个人效率，但效率也要求你采取正确的行动。有时候，该做的事不见得列入了清单，但既然花了时间经过思考才列出清单，你要能确保自己不会忽略重要的事。

基本上，这套系统很管用，但未必每件事都会完全按照计划进行。一旦进入把各项计划要求百分百交给一套优良系统处理的阶段，你就可以心无旁骛地专注在真正重要的事上。这么做真正

的回报是：你完成了该做的事，却不一定得执行清单上的每一件事。

二　把握重点

14. 把焦点提升到更高层次，是厘清问题的最好方法

一旦工作窒碍难行，或出现意外问题时，其实可视为一个重新评估作业的大好良机。要做到这一点，你必须先摆脱眼前的压力，方法如下：

◎接受眼前的现实。

◎为目标重新定焦。

◎决定下一个步骤，并采取行动。

愈快恢复行动愈好。哀叹时运不济不会带来任何收获，要快快重新采取行动。提醒自己，过去的战役都不算数。

15. 要看出事情进行的模式，先预想结果

人脑真的非常擅长辨识模式。要发挥这项能

力的方法就是：预先想象自己渴望的结果，并尽可能地描绘细节。这样能够触发你的大脑辨识与观察实际达成目标所需培养的习惯、能力与方法。

通过想象最终成果，在脑海中规划蓝图，然后让你的大脑自动填补达成目标所需条件的空白。事情不见得会照计划发展，但你会为自己所做的事获得出乎意料的最终成果。

16. 做最重要的事，而非最容易的事

以一套对自己有意义的良好系统来排定工作的优先顺序。你应该把时间用来做最重要的事以达成目标，而不是最新近、最烦人、最紧急的事。

要训练自己做到这一点，你必须建立自己的工作提醒与评价系统。这套系统可能比在电脑屏幕上贴便利贴或在办公桌上贴电话留言复杂些。不过步骤却很简单：

◎把所有工作都集中到某个固定位置。

◎由最重要到最不重要，列出一份工作优先顺序的清单。

◎慎重决定接下来该做的工作。

17. 精力总是跟着思想走

说到提醒系统，有很多人会把要带的东西放在门口，这样在出门时就会想到这些东西。同样的原则也适用于思考方式。为达成目标，把提醒工具放在你会经常注意的地方。

要做到这一点，需要找些能配合自己工作方式的东西。例如，你可以把自己的长期目标与人生志向写在迷你卡片上，随身携带或张贴在家中醒目的位置。不断朝这个方向思考，你的行动也会朝同一方向跟进。

刚开始考虑长远目标时，可能觉得很困难，原因是你无法想象所有细节。但随着思考的不断深入，你就会觉得愈来愈容易，最后你的大脑会拟出一个达成心愿的计划。有意识且认真地朝这个方向思考，就能把心智能量导向你的目标。这可以让你的思路更活跃，增加自己找到成功方法的机会。

18. 思路愈清晰，表现就能愈好

若要提升有创意的直觉，必须先厘清你现在所做的事目的是什么。将自己的主要事务与常规事务列成一份清单，你可能会发现其中很多是与过去需求有关，但已不符合现在需要，那就把这些项目剔除。写下每一个项目的作用，凡是失去效用的，一律予以删除。清除多余的负重或累赘，努力向前推进。你的长期目标愈详尽、愈明确，就愈容易激发自己的创造力。

19. 不论做什么，都要以做到最好为目标

如果你不论做任何事都尽力做到最好，而不是只求过关而已，就会发现很多未开发的创意与知识宝库对你敞开大门。这虽然能令人感到精神大振，但也令人害怕，因为你必须把对自我的怀疑抛诸脑后，全力追求卓越。但那些希望出人头地的人，将会体验到难以置信的快乐与活力，同

时也会获得很大的激励与满足。一切都从追求卓越开始。

20. 希望人生有不同的结果，就得先改变自己的重心

意外状况发生时，你能多快恢复到"准备妥当"的状态？专业人士已养成习惯，能随时恢复专心稳定的状态，所以他们可以全神贯注、保持平衡、不断前进，不会因为发生意外状况而陷入混乱。想要在一生完成更多的事，就必须不断培养以最快速度恢复到"准备妥当"状态的能力。

21. 训练自发性的思考

随身携带一些方便工具，以记录不时涌上心头的积极想法和念头。当你试图看穿挑战时，问题的解决方案往往也会突然涌现。趁这些点子还没被不同意念掩盖，抓住这些想法。把人生志向与生活目标写在纸上，带在身边，可刺激思考。你会惊喜地发现，只要你肯花时间与精力激发、

记录各种创意，一天之中不知会出现多少精彩的好点子。

22. 想清楚自己必须取得什么成果

为提高个人生产力，你必须养成持之以恒做好下列三件事的习惯：

◎为所有的计划拟定下一步的行动。

◎写下这些行动，并集中整理、记录手头上的所有计划。把所有事项写下来，你就可以头脑清醒地专注于手头上的工作，不必担心忽略了任何事。

◎把提醒工具放在你会在适当时机看见的位置，鞭策自己针对每项计划采取实际行动。

这是提高生产力的三项重要技巧，几乎大家都承认，我们在这些技巧上应该要大幅改进。

23. 信任自己的系统

一旦你对所有的工作都做好了记录、组织、追踪、规划，就可以毫无后顾之忧，把全部精力专注投入到眼前的作业上。换言之，系统就绪后，你就可以信赖系统会提醒自己做所有该做的事，把全部心思放在手头上的工作，然后以相同的热忱接着处理下一件事情。

24. 追求效率必先有明确的方向

如果你为生活设定清晰的目标，就会发现，你对更重大的议题也都能有更清楚的观点。把重心放在行事的动机，而非作业的机械性操作上，你就更容易启发各种灵感，能更明确地了解每件事在自己人生大计中所占的位置，才不至于被任何事的机械性操作模糊了视野。

基本上，唯有在你先决定如何能更有效地完成正确的事以后，才有可能追求效率。

25. 要进入状态，一次只做一件事

优异表现的特征就是全神贯注于手头上的工作。对于最高排序的作业，我们很容易做到全神贯注，但人生多半的情况都比较含糊。真正的关键在于把其他的事整理就绪，成为有用系统的一部分。

归纳起来，能够完成更多工作的关键是：在适当的期间内，把适量的注意力集中于适当的工作上，并辅以正确的前瞻。持续不断这么做，你的职业生涯就能"进入状态"，成就也会远超过你原以为可能达到的程度。

26. 目标真正的价值在于其造成的改变

未来目标的价值，不只在于未来达成目标时的报酬，还包括目标会改变你现在的看法与行为。好的目标会影响你对当下的感觉、作为与体验，改变你今天所作决定的品质与本质。

这就是目标具有的双重性。一方面，目标指定了目的地；另一方面，目标也界定了旅程的品质。为未来设定刺激的目标，你就会发现目前的活动也变得同样多姿多彩，因为你知道这些活动最终会导向何方。平衡外在环境与内在自我，是动态而健康的，因为你知道自己的内在思维正在调整配合你想去的方向，你自然可以从外在活动获得很大的满足。每天都能做到这一点，你的生活会成为一连串迎向伟大目标的小胜利。

关键思维

听起来或许简单，但能够持续清楚意识到自己究竟在做什么、自己的方向在何方、自己作过什么承诺，再设法配合未能如预期发生的结果，如此便能全神贯注于现实，这确实是非常可观的成就。

——大卫·艾伦

做小事的时候也要想着大事，这样所有的小事才能朝正确方向发展。

——阿尔文·托夫勒，《第三次浪潮》作者

不要拟小计划，小计划缺乏让人热血沸腾的魔力，而且很可能本来就不会实现。要拟大计划，胸怀大志，努力工作。记住，伟大且合理的图像一旦留下记录，就永远不会消失。

——丹尼尔·哈得孙·伯纳姆
著名的马戏团经纪人

生活方式只有两种：一种是相信凡事没有奇迹；另一种则是把所有事都当作奇迹。

——爱因斯坦

有效、精确、深入、有纪律地整合思考一小时，可抵一个月的努力工作。思考是商业与生活的精髓，也是这些活动中最难以执行的事。在其他人开派对时，帝国的缔造者却在劳心思虑。如果不能自动自发地努力自我引导、整合思考，如果行动不能超越情绪，总是挑最没有阻力的一条路，就是对懒惰投降，自此不再能掌控自己的生活。

——大卫·凯克奇

心智不是一个有待装满的容器，而是一把有待点燃的火。

——普鲁塔克，希腊哲学家

很多人把管理不善和命运混为一谈。

——金·哈伯德，美国幽默作家、记者

准备妥当是成功的关键，比其他所有事都

效率百分百

重要。

——亨利·福特

一般人为了逃避真正费神的思考，什么权宜之计都愿意采纳。

——爱迪生

三　确立架构

27. 在一个领域站稳脚步，就能开启另一领域的创意思考

很多人以为，组织与创造力不能并存，拥有其一，就必须放弃另一个。这是不正确的。如果所有事情毫无系统，一片混乱，就不可能从事创造性思考，因为大脑深处会有东西不断提醒你这个问题。因此，要提升自己的创意生产力，就要把一切组织好，保持平衡。唯有如此，与生俱来、源源不绝的创造能量才能为你所用。

28. 生产力的形式与功能必须相互搭配

一流的工匠都知道，什么样的工作需要什么样的工具。同样的，有时候你需要戴上"高瞻远瞩"的帽子，有时候则需要戴"实践家"的帽

子。智慧就在于巧妙平衡这两种内在角色，使你有足够的时间构想好点子，又能有足够的原则贯彻始终。

想保持良好平衡，你应该做到下列几件事：

◎用自己"高瞻远瞩"的一面为装有待办事项的篮子填满新点子。

◎用你"实践家"的一面自问，每个点子的下一步行动是什么？

◎为你"高瞻远瞩"的一面保留一些某天可能会进行的计划清单。

◎为你"实践家"的一面列具下一步行动的清单。

◎每周检讨，这是解决问题的时机。

29. 发展一套自己可以信赖的提醒系统

如果你打算厘清脑子里烦人的事情，那就交给提醒系统去处理。让自己能更清晰地思考，就一定得让自己对系统的实际操作有信心才行。只要还有些许怀疑，你的大脑就会不断尝试提醒你，未来尚有未完成的工作。

在实际操作上，建立这种信心最好的方法就是坚持每周检讨，这是你记录、处理、组织所有待办事项的时机。如果你能持续不断、严格认真地做到这一点，大脑思想就会开始认知，一切都在掌控之中，且在伺机而动。那么，你就不会再被这些问题所烦扰，而是把注意力放在当前的工作上。然后你就可以脱离纠缠不清的思绪，开始真正有创意的思考。

30. 你的内部系统反应越灵敏越好

真正的竞争优势来自建立并维持一套能适应环境变化的系统。说得更明确些，如果你能够在内心纠结、举棋不定的处境下依旧头脑清晰、保持平衡，你的反应时间就会缩短，原先以为的难题也会迎刃而解。

想做到这一点，你应该做到下列几件事：

◎有更强的适应力——当出现无可避免的变化时，你相信自己可以做出适当的反应。

◎平衡所有内在系统——在面对各种情况时，不至于过度反应，也不至于反应不足。

◎对环境更有警觉性——能预期未来需要做些什么改变，不会毫无概念。

31. 一套系统的最大效益受限于其最弱的环节

个人管理系统背后的观念就是，释出各项资源，以便投入更高层次、更好的工作。因此要找出自己系统中的瓶颈，正是这个关键点所产生的问题，会在最不凑巧的时刻攻击你。要抢先正视并强化那个最弱的环节，因为系统整体的表现永远无法超越那个关键区域的表现。

32. 创造一个运作灵活的沉默系统

系统的整体目标就是，释出更多时间从事创意思考。当你必须停下来弥补系统漏洞时，就把原本可用来从事加值型创意思考的心智能量移作他用。为了避免这种现象，你从一开始就该下功夫建立坚固系统，在做任何事之前，确定系统能灵活地运作。这么一来，你的系统就会恰如其分地在幕后工作，不会造成突如其来的干扰。

33. 永远维持每周一次的检讨会议

个人管理系统运作的关键就在于，每周确保进行一场自我检讨会。利用这个机会清理脑袋里所有的重要工作，厘清目标，整理与更新清单。把每周例行检讨当作个人管理系统的核心，才能让系统永保新鲜有效。

34. 界定在商业竞赛中获胜的意义

商业成功的定义因人而异。某人或某家公司眼中的大成就，换个人看来，或许平凡无奇。拟一份计划清单，为每项计划拟定一个明确的目标，然后组织实施，尽可能达成最多的目标。这就是成功的要素。

35. 每个人负责一项结果

当一项工作交给两个以上的人负责时，往往

就意味着没有人会真正去完成这项工作。这个方法也适用于自己的"内部委员会"——这是指你的人格有不同的表现。从内部开始界定，事先就作好决定，要由哪部分的人格负责处理哪一项工作，是自己"实践家"的一面，还是"高瞻远瞩"的一面，诸如此类。

36. 确立原则，而非策略

确立清晰而不含糊的原则后，你就无须严格监督所定政策，相反，可以给大家自行作决定、自订行为范畴的自由。不过，这只在其他人也采用跟你一样的标准时才行得通。要把这项理论应用到现实世界，你或许可以跟每个人坐下来讨论，根据问题的答案草拟一份公约，即："我们作为一个组织，在何时表现最好?"问题的答案说明了大家的共同价值观，以及这个价值观如何实际应用并呈现在现实世界的工作中。厘清这些条件，就没有必要再对个人管理。

37. 思考工作内容，不要担心工作本身

人类心智擅长搜集资讯，并以更好的方式加以组织，但大多数人却试图将心智用于记忆与提醒自己未来该做之事。这真是白白浪费了心智的频宽与追求成就的能力。

要克服这点，你就该建立一套滴水不漏的提醒系统，这项提醒系统是个能记录、保留并在适当时机提供正确提醒工具的东西。一旦做到这点，你的心智就可以转向更有价值的工作。否则大脑就只好一直充当内在警报器。

38. 自己的思想远比想象的更有价值

养成一想到什么就不经修饰，按照原貌记录下来的习惯，鼓励自然原始的呈现。准许自己的心智设想新奇大胆的创意，用纸、笔或电脑记下你想到的点子。这样就有可能在往后的阶段，再回过头评估这些当初灵光乍现的创意灵感。往往就在你新点子的粗略速写之中，可以发现某个有价值的珍宝。刚开始成效可能不那么明显，绝对

需要再三琢磨，但捕捉点子是很有价值的自我训练。

39. 鸿沟越大，就越需要计划

很多时候，你最该做的事偏偏就是自己最不想做的事；当你觉得没时间预作规划时，往往就是最需要规划的时候；或是当你最想停下脚步、好好整顿一番时，却往往就是时间紧迫得无暇他顾的时候。

与此类似，组织通常只有在目标与资源之间出现巨大鸿沟时，才会变得有创意。如果组织有足够的资金去做所有想做的事，就没有必要运用创意巧思了。只有在研究拟定如何分配稀少资源的艰难决策时，才会提高追求效率的意愿。

因此，若要提升个人效率，就要使自己拥有的资源与想要达成的目标之间有很大的鸿沟，然后展开工作，试图以有创意的方法跨越鸿沟。如此一再重复演练，结果很可能令你喜出望外。

你的未来可以预见

关键思维

平常人与战士的基本差异在于，战士把每件事都视为挑战，平常人却把每件事当作福气或诅咒。

——卡洛斯·卡斯塔尼达，美国人类学家

人不是环境的产物，环境才是人为的产物。

——本杰明·迪斯雷利，英国前首相

现代文化中，人类生存的主要工具就是懂得如何捏造事实，以及明辨真相。这是创造力的两种形式，被称为想象力与解决问题。

——斯蒂芬·斯奈德，美国艺术家

四　积极行动

40. 努力做好面对任何状况的准备

如果你能在组织与个人层面上，妥善处理出现的意外情况，你的表现就已经超过那些只会一板一眼遵循过去僵化原则的人。当你的生产力系统面临意外变化挑战时，才真正能够测试你的生产力系统是否足够强韧，这也是帮助你臻于卓越的机会。

41. 过多掌控与过少掌控同样有害

如同个别管理会扼杀生产力，如果你试图把每件事都纳入作业系统，就会一事无成。为了追求有价值的成就，你仍然需要时间与精力思考，凭直觉作出好决策。基于这一点，你必须在组织与时间之间取得良好平衡。每周一次，彻底检讨所有计划，并为每项计划决定下一步行动，然后把大部分时间用于落实计划，而不是一再检视规划的过程。千万别让组织系统的形式偏离获致成效的功能。

42. 相信自己对于如何运用时间的直觉

有些人设定优先顺序是为了回答这个问题："现在做哪件事对自己最有利？"这种态度过分简化了一个复杂而不断变迁的问题。因此，更好的观念是信任自己的判断与直觉。

你可用一份每日待办事项清单的方式进行，步骤如下：

◎为最坏的情况预做打算——把所有与履行承诺及义务有关的未了之事做一下总结。

◎设想最好的情况——专心想象理想的结局。

◎选择中庸之道——即每天宁可多行动，也要少分析。

43. 练习多层次自我管理

在时间调度上作出好的抉择是个复杂的问题，因为你必须同时考虑如何平衡下列三种不同架构：

◎现实环境——目前自己实际做得到哪些事。

◎你的选择——开始新计划后，可以进行下一步行动，或按兵不动，先处理杂务。

◎你的承诺——答应别人要做的事以及确定的期限。

每个人的生活都可分为几个不同层次。仅是有良好的组织，并不能保证你每分钟都真正有生产力。你需要维持良好的平衡，决定如何利用可能额外多出的半小时，同时又把上述架构一起列入考虑，否则抉择极可能会有瑕疵。

44. 想改善效率，就得减少压力、放轻松

职业运动员在熟练掌握基本动作，而且充分放轻松时，表现得最好。你在工作与私人生活中也是如此。消除压力因素，让自己多放松一点，你才能以最快速度精确行动。把时间用于处理那些令人分心的事情，就无法让自己更专心工作而

提升生产力。

45. 整合意外状况成为计划的一部分

好的规划者会不断自问："这个计划哪里可能出娄子？如果真的发生状况时，我们该如何处理？"你也要有同样的考虑。你从事的每一项计划（个人或工作上的），都会遇到若干或许多意外。这样一来，当问题出现时，你就能接受现实，继续朝目标迈进。事前这么做，可化解因环境不断改变而破坏计划的可能性。

46. 拉长长远展望的时间距离

计划一路发展下去，你会看到更多的选择机会，很容易会随着环境变化而改变路线。把时间拉长、展望长远还有附加好处，就是你可以从容采取行动，有条不紊处事，而不必临时抱佛脚，被迫反应。

明白了这一点，你就该尽可能向远处看。基于长远目标，选定短程决策，抵达目标的速度会快得超乎想象。与此相反，你若是不断随着环境变化而修订路线，就会把所有精力都在短程战斗中耗尽，进而输掉长程战役。

47. 通过放慢速度来加快脚步

放轻松，反正永远不可能会有足够的时间与精力完成想象中的每件事。有时候，最具生产力的对策就是什么也不做。然后，当你回到工作时，就可以运用更好的策略，或以更睿智的方式重新投入工作。

如果你对所有日常运作的事务都过度投入，很可能会错失大方向。若出现这种状况，为了提高生产力，你应该尝试放慢脚步、放轻松，不要再增加已经被误导的实务作业。匆忙的人有时会变得太短视，把所有精力投注在只具边际效益的活动上，而不能直达事务的核心。

48. 计划不是一蹴而就，必须靠一步一步的行动达成

事实上你不能一下子就执行一项计划，你完

成的是一步一步的行动步骤。一旦完成了足够的步骤，也就实现了计划的目标。因此，现实中你等着要开始的"长远计划"，根本是不存在的。它其实指的是，可以在最短时间内完成真实计划的下一个步骤，或是应该列在"未来有可能落实"的计划清单上。

不要欺骗自己，以为属于长期的计划，就不可能为其设定短程可期的结果。要对自己更诚实一点。真正的计划一定有明确的下一步行动，否则就不该列在待完成的计划清单上。

49. 小事一再重复，也能产生重大影响

如果你主动把每周收入的一小部分用于投资，几年后，复利可产生相当可观的收入。同样，如果你固定投入少许时间，完成工作或私人的计划，经过一段时日，也能成就很多事。真正有意义的不是投入的时间或努力，而是持之以恒。

例如，要是你能管理自己的时间，让自己总

是比计划进度超前 10%，而非经常落后 10%，你会发现自己的生产力与自信都会三级跳。每天持续的小行动，才是体会积极经验的真正关键。

50. 真正了解一件事，最好的方法就是实际动手做

真正的知识来自内心的活动。持续行动中改变行进方向，会比从起点准备出发来得更容易。实际参与推动一项作业的人，会处于较有利的地位，而且会比仅依理论判断的人更能领会作业的价值。

在职场中，这往往代表最需要管理时间的人却最不可能这么做；而那些已经尝试以更具生产力方式运用时间的人，是最乐意接纳新观念的。同样，觉得自己目前生产力还差强人意的人，较不可能投入时间与精力去学习如何改善。高水准表现者总是愿意做些研究，强化作业流程；表现平平的人却相当满意自己目前的表现水准。

51. 如果感到不知所措，就先取得掌控权

开车的人几乎都不晕车，船上的舵手也难得会反胃或晕船。同样的原则也适用于工作。如果你觉得工作失控，就该采取行动搜集、处理、组织与管理你的计划。宁可成为重大成就的发起人，也不要在自己无法控制的事件中，成为心不甘情不愿的受害者。

试图逃避需要自己全神贯注的事，就跟企图让汪洋大海里的船不要摇晃一样。错了！对于这些事你应该更专注。对每件引起你注意的事，问自己两个关键问题，并写下自己的答案：

◎我希望在这里得到什么结果？

◎如果向那个方向前进，我的下一步行动应该是什么？

52. 伟大的成就，来自多数的失败经验

千万不要用任何一次特定的成败衡量自己的进程。每个人在迎向卓越的成功路上，都遭遇过不计其数的小挫败。在很多时候，这些小挫败就

是自己调整路线时必须输入的资讯，这样才能到达目的地。犯错起码能证明自己还在比赛，而非在场外观战。

明白了这一点，就无须为一次失误而懊悔不已，罪恶感是没有任何帮助的。要另谋他法，在下一次或下下次挥棒时，必当专心力求最佳表现。参赛是为求胜，但往往也要有历经无数次失败才能达成目标的心理准备。

关键思维

以成功为目标，而非十全十美。千万不要放弃犯错的权利，因为那么一来，你就会失去学习新事物、在生活中求进步的能力。记住，完美主义的背后总埋伏着恐惧。听来或许矛盾，但面对恐惧，准许自己做个平凡人，却能使你成为一个更快乐、更有生产力的人。

——大卫·柏恩斯
美国著名认知行为治疗心理医生

专家解读

按个性找方法，效率才能百分百

文/吴思颖

《效率百分百》作者大卫·艾伦提出增加工作效率的方法，应该说是既完备又翔实。如果可以，我认为只要照着去做就可以把工作和生活搞定了。但事实上由于每个人的个性不同，很多时候我们只能选择适合自己个性的方式，尽可能地提高工作效率。

就我自己的工作而言，当公司接下一个广告项目时，我的目标管理方式是：由最后的时间点倒推出执行每个步骤所需要的时间，再以此推算出执行整个项目所需时间。有了清楚的作业进度表，就能在脑中对整个项目有清楚的规划。但客户委托我们达成目标的时间经常都很急迫，甚至根本没有合理的时间可以执行，此时就需要花时间协调各部门，也就是所谓的"培养共识"，让大家在以达成客户作业为前提的原则下，尽可能提出解决办法，变不可能为可能。也就是说，整个目标管理的过程其实并不是一张一成不变的工作计划表，而是一个动态的过程，期间必须不断协商与调整。如果广告项目过于复杂，在人力不足的情况下，有时也必须外包，靠结合公司外的资源来进行工作。

但目标管理并不是只存在于工作的执行面，在财务方面也有所谓的目标管理。对于公司定下的预算目标，每个月都需要检讨一次，看有哪些部分没达到，或是有哪些部分超过预期，以便在下一季可以调整。

工作如此，自我管理也是如此，我记得管理大师彼得·德鲁克也曾强调把计划写下来的重要性，如果能清楚写下自己未来的目标，并在每半年左右检讨一次，这对提升自己的能力以早日达到目标是非常有帮助的。

团队效率的第一步：开会

一般来说，开会通常是工作中最容易浪费时间的事，因此为了有效提升效率，就必须避免在开会上浪费太多时间。如果接到的是一个特别紧急或是比较陌生的产品项目时，我习惯立刻召集资深员工一起讨论，这时自然就能了解大家手头上正在忙着处理哪些事。尤其是大家进入会议室后，脑中可能都还在想着之前尚未处理完的事，所以为了激发大家的想法、引导大家尽快了解情况，我自己会先拟出一项初步计划，达到抛砖引玉的效果，让这群拥有八到十年以上工作经验的资深员工，能在很短时间内快速提出可能的执行方案。

另一种提高会议效率的方式是，限制会议的时间。毕竟开会的目的是为了解彼此的工作进度，解决需要解决的问题，但如果是讨论在一定时间内不能解决的问题，或是某些问题只涉及部分与会人士，这些情况可能就多半是比较适合私下再召开一个会议去沟通。还有一个提升开会效率的方法就是"先做功课",在开会前一两天发出会议通知,清楚告知每位与会同事此次会议的重点及讨论事项,就不会浪费时间在"暖场"上。

由于会议的成本很高,加上公司的外包或合作厂商非常多,我认为善用科技工具,是提升效能的一项重要方式。其实开会不一定要见面,可以通过电话会议、视频会议等方式进行,电子邮件和推特、QQ等即时线上通话也都是很好的沟通工具,不仅省时,也省电话费。

个人效率的第一步:自律

个人是团队的一部分,提升个人工作效率也能提升团队的工作效率。提升自己的工作效率,先要推崇"自律"。在没有人管的情况下,自己会去思考,如果自己在前端做不好,后端就不会有好的产品。尊重每一项工作,每个人都尽量要求自己做到最好、减少错误,就能大大提升团队的工作效率。

自律是提升个人工作效率及团队效率的第一重点，但是沟通却是提升团队工作效率不能少的工作。很多美术设计人员在设计稿件时其实并没有详读文案，只在意画面的美感，结果常常造成文案出现奇怪的断句、重点表现不清，以及厂商名字太小等问题。我见过不少优秀的设计人员，他们在设计稿件时都一定会先看过文案，这让日后被修改的几率大为降低，自然能提升团队工作效率。太过专注自己的工作，常常会让自己只限于局部的需要，而看不到全貌。因此团队工作时，沟通绝对非常重要。

多思考、少犯错

相较于其他条件，"思考"其实是提升工作效率更重要的关键。凡事只要事前多花一个小时思考，就能减少不可知的突发状况，大大提升效率。一个组织的主管如果没有清楚的思考能力，那组织里的人即使是天才也不能胜任工作。与此相反，主管思考清楚深入，即使是一般人也能发挥最大的能力。随时让自己保持清楚、完整的思考确实非常重要，特别是在工作即将进行的最后关头，多花些时间思考绝对值得。只要多花最后的一点时间思考，就能减少日后很多错误与猜测，等于省下更多的时间。

在电通扬雅，为了帮助业务人员在规划工作时能有更完整的思考，于是有了创意工作企划单（Creative Work Plane）的设计。这张表单中清楚列举所有准备工作及需要注意的事项，确实是一项能帮助自己更完整思考的好工具。

搜集"客情"直导核心

当自己或是团队都积极地提升了工作效率，最后的"临门一脚"却是主管必然的责任。毕竟只有找到有权作决定的人谈，才能避免"议而不决"的事情不断发生。因此建立"客情"就非常重要。

客户的关系需要在日常生活中就开始培养，

如果平日就能对资深主管的品位有所了解，接案时就更容易达到客户的期望。同时教育客户也是一件非常重要的事，通常愈有创意的想法，客户的反应往往也愈强烈。要客户一下子就接受并不容易，这就需要靠平时与客户分享广告资讯来帮助解决。当然，除此之外还要训练自己能在短时间内就能清楚表达想法的专业能力，这也是建立客户关系的必备能力。

利用专注培养速度

当我更深入地阅读后，十分赞同作者大部分的观点。由于广告这个行业的变化很大，要做到"有始有终"并不容易。客户要求的时间经常不是提前、就是延后，预算也经常遭到删减。面对这些变化，预留时间和空间以便更有弹性地应付突发状况是很有必要的。理想的做法是，在时间表中预留5%～10%的机动时间，但实际作业几乎做不到，这时就只能反求诸己，要求自己尽量不要犯错，以降低不必要的时间浪费。也因为广告界多变的特性，我认为培养快速转换思考的能力是重要的，而培养这种能力的方法就是"专注"，要自己能在当下第一时间面对眼前的项目，回顾自己过去的经验、参考朋友的经验，快速为客户提出新的解决方案。

但无论怎样提升效率，时间似乎永远都不够用，常常在"质"与"量"间陷入两难。这时我会运用 80/20 法则来处理，也就是把 80％ 的精力用在最重要的 20％ 的事情上，例如新业务的拓展、新客户的开发和教育培训等。我也曾经看过一种将事情分为重要和紧急的管理方式，大卫·艾伦认为我们应该花大多数的时间去做重要但不紧急的事，如思考、规划等，并减少处理重要又紧急事情的时间。我认为主要是因为事前没有思考清楚，才会出现这样的状况。当然，判断什么是重要的事、什么是紧急的事，本身也是一种需要培养的能力。此外，我也同意"失败"其实也是一种很好的训练，因为从失败中学习往往能令人印象深刻。

用"后果"抵制情绪干扰

在每天工作的安排上,其实也有一些小技巧。通常我会尽量将拜访客户的时间集中在一起,留给自己完整的一到两个小时时间思考和规划。但是身为主管,时间经常会被瓜分成许多小片段,这时候就需要有能力判断,哪些场合可以不去,哪些场合一定要出席,判断的标准自然是以自己出席能产生贡献的多少来决定,如果自己出席没能贡献什么,就请别人去参加。另外,培养"授权"能力也非常重要,这能让自己和属下都有更大的成长空间。

说理总是容易的,现实生活中却常常遇到工作效率低下的事实。这样的情况会出现,多半是自己对事情的掌握还不够纯熟,此时非常需要靠努力提升思考能力,让计划拟定能更具规模、更细腻。有时私人因素的干扰也难免会降低效率,想偷懒时,我多半会想想,如果我不做这件事情会发生什么后果？这个后果是我能承担的吗？如果可以，我就不会去做。

寻找效率的"内功"

提升效率的方法其实有很多种，但是每个人都要仔细思考到底哪些方式适合自己的性格。就像学功夫一样，有少林、武当、华山等门派，但你不可能样样都学，郭靖也就只学会降龙十八掌中的"见龙在田"，就与个性有关。其实每个人都有两种性格，一是个人性格，一是工作性格。像很多喜剧演员，日常生活中却比一般人都沉默，这就是演员的个人性格。广告业是个非常辛苦的行业，从事广告工作的人通常有两种，一种是有热情的人，具有把工作做好的性格；一种是有激情的人，但入行不久就会被时间和压力压垮而离开。人生或工作中的每次变动就像海浪，但冲浪的人永远都在追寻下一个浪头，让自己优雅地站在浪尖上。

人生是工作和生活的总和，"效率"的标准

你的未来可以预见

不是"时间",而是"质量"。有的人喜欢工作也乐在工作,对于这样的人我们给予崇高的敬意,但人生也可以有不同的目标,甚至每个阶段有每个阶段的目标,社会应该更多元。有不同的价值观存在,社会的风貌与生命才会丰富。说穿了,追求工作效率,其实只是一种技术,是一种外功,追求工作效率背后的目的,其实才是内功所在。所有追求工作效率的方法,都需要在目标清楚的情况下才能发挥最大功效。西方人深谙其中奥妙,并认同没有人是不可被取代的道理,因此能将工作和休闲都安排得很好。我们在过去追求的是经济增长,未来应该追求的是更有"质感"的生活,偶尔让自己在生活中可以奢侈地"发呆"一下,有何不可?就像国画中的"留白",因为有"留白"才显得出图画的精彩,人生也是如此。

吴思颖，拥有10年以上的广告代理商业务部门工作经验，曾任职于台湾联广广告公司业务部，服务客户有雪铁龙汽车、台朔汽车、Cisco、IBM电脑、和信超媒体、无敌电脑辞典、黑松饮料、佳丽宝化妆品等，目前担任电通扬雅广告/伟门公司客户服务总监。